传统木结构吊脚楼建筑火灾试验及数值分析

Fire Tests and Numerical Simulation Analysis of Traditional Stilted Wooden Buildings

韦善阳　李　聪　胡新成　著

重庆大学出版社

内容简介

本书从中国木结构古建筑群特点出发，构建了贵州省某木结构建筑模型，结合火灾动力学作用机理，通过对木结构建筑构件梁、板、柱及木框架在标准受火条件下耐火性能研究，建立木结构建筑群火灾蔓延模型并对关键因素进行模拟，分析火灾时期人群疏散行为动态，设计受灾区域内人员行为动态及避灾最佳路线，得到了典型木结构装配式建筑构件的耐火极限、木结构建筑群火灾蔓延模式规律、灭火救援体系优化布局和区域内人员疏散路线设计。

本书可供安全科学与工程、建筑环境以及火灾安全的技术人员参考，也可作为研究生和高等院校本科生的参考用书。

图书在版编目(CIP)数据

传统木结构吊脚楼建筑火灾试验及数值分析 / 韦善阳，李聪，胡新成著. -- 重庆 ：重庆大学出版社，2023.8

ISBN 978-7-5689-4134-1

Ⅰ. ①传… Ⅱ. ①韦… ②李… ③胡… Ⅲ. ①木结构—民用建筑—建筑火灾—数值模拟—研究 Ⅳ. ①TU998.1

中国国家版本馆 CIP 数据核字(2023)第 150377 号

传统木结构吊脚楼建筑火灾试验及数值分析

CHUANTONG MUJIEGOU DIAOJIAOLOU JIANZHU HUOZAI SHIYAN JI SHUZHI FENXI

韦善阳　李　聪　胡新成　著

责任编辑：荀荟羽　　版式设计：荀荟羽

责任校对：谢　芳　　责任印制：张　策

*

重庆大学出版社出版发行

出版人：陈晓阳

社址：重庆市沙坪坝区大学城西路 21 号

邮编：401331

电话：(023) 88617190　88617185(中小学)

传真：(023) 88617186　88617166

网址：http://www.cqup.com.cn

邮箱：fxk@cqup.com.cn (营销中心)

全国新华书店经销

重庆升光电力印务有限公司印刷

*

开本：720mm×1020mm　1/16　印张：11.25　字数：162 千

2023 年 8 月第 1 版　　2023 年 8 月第 1 次印刷

印数：1—1 000

ISBN 978-7-5689-4134-1　定价：88.00 元

前　言

在中国悠久的历史长河中,世人留下了许多以木材为主要材料并且具有较高文化价值的古建筑。木结构古建筑作为消防保护重点对象的同时,也是消防保护最单薄的部分。木材遇明火极易被引燃,其在燃烧过程中会释放大量热量及高温烟雾,以致整个建筑被高温环境所笼罩。从而加速了火灾对木结构建筑的破坏,影响木结构建筑物的稳定性,导致坍塌的发生。在火灾发展过程中会发生轰燃现象,轰燃发生后火灾进入全面燃烧阶段,此时消防人员难以进入火灾现场,给火灾扑救与消防人员的人身安全带来巨大的威胁。

单个木结构建筑发生火灾后,燃烧产生大量高温经火灾蔓延引起周围多个建筑木结构吊脚楼发生火灾,从而发展为连片的群火灾,将造成无法估计的经济损失与人员伤亡。并且木结构吊脚楼建筑一般依山而建,山上树林密布,木结构建筑火灾若不能得到很好的控制,会引起周围的森林发生大火,造成严重的生态灾难。因此,控制木结构吊脚楼建筑群火灾大范围蔓延,降低火灾给人类带来的生命和财产损失是非常必要的。

全书共 6 章,第 1 章介绍了木结构建筑火灾基础理论及热传递过程,并阐述了室内火灾发展和蔓延的过程,以及贵州省某木结构建筑群特点。第 2 章根据木材的热解特性对古建筑木结构构件进行火灾试验研究,试验共包含 5 根木梁试样,4 块木楼板试样及 5 块隔墙木板试样,通过池火火源及甲烷本生灯火源得到各构件试验试样在不同燃烧环境下的温度场变化及炭化速率。第 3 章介绍了火灾轰燃的定义及危害,根据实地考察结果,用突变理论和数值模拟进行对比研究,预测木结构建筑受限空间内火灾轰燃临界温度,通过数值模拟的手段验证突变理论在火灾轰燃现象临界条件预测中的可行性。第 4 章利用火灾动力学模拟软件建立了相邻木结构吊脚楼模型,分析了相对位置与火灾蔓延之间的关系及火灾蔓延的临界温度。构建关系式将尖点突变理论引入相邻木结构建筑火灾蔓延临界温度的预测中,并用试验对数值模拟及尖点突变的预测结果进行了验证。第5章构建了木结构建筑群火灾蔓延模型,基于数值模拟的手段,模拟不同风速、建筑间距和坡度下,建筑群火灾蔓延的过程,并设计了着火点分别位于中间木结构建筑及边角木结构建筑中的火灾模型,从而研究在这两种情况下,防火分区的形状对群火蔓延的影响。第6章介绍了应急疏散标准与软件,对木结构建筑群的不同情况进行了安全疏散的模拟仿真分析,计算了不同时期该木结构建筑群所需要的必要安全疏散时间,同时通过软件的动态模拟展现了人员的疏散全过程,并以仿真计算结果为根据进行数据分析。

本书为贵州省科技计划项目(课题编号:黔科合支撑[2019]2889)研究成果的结晶。感谢作者曾指导过的研究生石美、杨欢、高布桐等,他们在研究生期间的工作为本书提供了支持。

本书参考引用了国内外文献资料,已列入书末的参考文献中,在此深表感谢。

由于作者水平有限,难免存在不足之处,恳请读者和相关专家批评指正。

作　者

2023年6月

目　录

第1章 绪 论

1.1 木结构建筑火灾的研究意义

中国文化传承悠久，经过历朝历代的发展，建立了许多风格各异同时以木材为主要材料的古建筑物。尽管这些建筑物部分已经消逝在历史的长河之中，但也有部分建筑物保存至今，它们对于历史和文化变迁的研究具有非常重要的现实意义和价值。梁思成老先生曾这样评价中国建筑："中国建筑乃一独立之结构系统，历史悠长，散布区域辽阔，始终保持木材为主要建筑材料，其在结构方面之努力，则尽木材应用之能事，以臻实际之需要，而同时完成其本身完美之形体"[1]。

现存木结构古建筑群大多用于民俗展览、寺庙和旅游景区等，很多属于国家的重点保护文物，一旦发生火灾，由于其不具备现代建筑的消防灭火设备，不但会造成巨大的经济财产损失和历史文物的破坏，同时还由于其建筑材料和结构的特性会导致人员疏散不便而威胁到人员安全[2]。木材遇明火极易被引燃，其在燃烧过程中会释放大量热量及高温烟雾，以致整个建筑被高温环境所笼罩。从而加速了火灾对木结构建筑的破坏，影响木结构建筑物的稳定性，导致坍塌的发生。在火灾发展过程中会发生轰燃现象，轰燃发生后火灾进入全面燃烧阶段，此时消防人员难以进入火灾现场，给火灾扑救与消防人员的人身安全带来巨大的威胁[3]。

木结构吊脚楼古建筑以相关木结构构件作为建筑基础，典型木结构构件有承重构件及装配式构件，国内外学者对木梁与木柱的火灾性能进行了积极研究和深入探索[4]。木结构建筑作为古代文化的遗留产物，其内部建筑结构，如房梁、支柱和墙板等多为木材材料制作，火灾载荷较大，可超过 300 kg/m^2[5]。《建筑设计防火规范》（GB 50016—2014）中关于木结构建筑的防灭火措施仅适用于现代组合木结构建筑，不完全适用于中国传统的木结构古建筑，也不完全适用于改造过的木结构建筑的消防安全。单个木结构建筑发生火灾后，燃烧产生大量高温经火灾蔓延引起周围多个建筑木结构吊脚楼发生火灾，从而发展为连片的群火灾，将造成无法估计的经济损失与人员伤亡。并且木结构吊脚楼建筑一般依山而建，山上树林密布，木结构建筑火灾若不能得到很好的控制，会引起周围的森林发生大火，造成更大的生态灾难[6]。因此，控制木结构吊脚楼建筑群火灾的大范围蔓延，降低火灾对人类生命和财产造成的损失是非常必要的。

目前我国的木结构吊脚楼古建筑除大型宫殿以外，大多以传统村落的形式保存，这些传统村落拥有较丰富的文化与自然资源，具有一定历史、文化、科学、艺术、经济和社会价值[7]。木结构吊脚楼古建筑在中国拥有几千年的历史，然而近几十年我国木结构技术的研究落后于国际上先进国家和部分地区[8]。中国古代的建筑防火制度及措施，以及当代针对古建筑火灾采取的有关措施，远远达不到要求[9]，为防止中国乡村历史文化与自然遗产被火灾吞噬，国内大量学者对传统村落的保存与防火减灾展开了深入研究。木结构吊脚楼古建筑由于木材自身物化属性及建筑修建的高超技艺源于工匠之间口传身授，具有不可再生性，一旦破坏，将不复存在。因此，保护木结构吊脚楼古建筑免受火灾毁坏对整个社会及中华民族建筑文化保护传承具有重大意义。

1.2 木结构火灾基础理论

我国传统建筑以木材为主，尤其是我国广大农村、偏远地区及少数民族聚集地的建筑仍然使用木、石、土、砖等建筑材料，以木结构框架为主要结构形式[10]。以贵州大多数传统少数民族村落为例，建筑形式主要以依山而建的连片式干栏木结构吊脚楼古建筑群为主[11]。

传统木结构吊脚楼主要以木梁、木柱及斗拱为承重构件，木楼板、木隔墙等装配构件为非承重构件。部分木结构吊脚楼墙体采用砖墙，但其他部分仍采用木结构构件。木结构吊脚楼古建筑与现代混凝土建筑相比，除家用电器、家具等可燃物之外，吊脚楼本身构件为木材，因此发生火灾时，吊脚楼无法起到隔断火势的作用，反而会进一步引燃周围成片的木结构吊脚楼古建筑，导致火势更加剧烈，后果更加严重。2021 年 2 月 14 日，被称为“中国最后一个原始部落”的翁丁老寨被一场大火完全烧掉了[12]。文物生命只有一次，失去就不会再来。

火灾的燃烧主要由热传递导致，可燃物燃烧可以看作热传递的结果。其中木材燃烧的过程一般分为四个主要阶段[13]：①准备阶段，在外部热量达到一定条件下，木材发生热分解，产生挥发性物质（主要成分为碳），这是微观现象；②开始阶段，在火源作用下，木材表面分解的可燃性挥发物被点燃，木材发生明火燃烧，这是肉眼可见的现象；③发展阶段，当木材被点燃后，木材燃烧产生的高温使得周围未燃烧区域及木材内部进一步热分解产生可燃性挥发物，使燃烧得以持续发展；④减弱阶段，在持续燃烧过程中，由于木材周围及内部可燃物质的持续挥发及炭化，使得可燃性物质挥发减弱，火势减小。

1.2.1 木材的热解及热传递

木材以热辐射、热对流及热传导的方式从木材外界吸收热量[14]，使木材达到产生可燃气体时的温度，称为木材热解温度。可通过木材热解温度、环境温度、木材密度、含水率及比热容等条件计算出木材的点燃时间。计算公式可表示为[15]

$$t_{ig}=\frac{\rho c\delta(T_{ig}-T_{\infty})}{Q} \tag{1.1}$$

式中，t_{ig} 为木材点燃时间，s；ρ 为木材密度，kg/m^3；c 为木材比热容，J/(kg · K)；δ 为材料的特征厚度，m；T_{ig} 为木材热解温度，K；T_∞ 为环境温度，K；Q 为火焰传递给试样表面的热量，J。

木材受火燃烧过程不是热传导、热辐射及热对流单独进行热传递的过程，而是一个热传导、热辐射及热对流相互影响的复杂的传热过程[16]。木材在受火条件下，表面温度较高，木材内部及背火面温度随着与着火面距离增大而降低，热量由木材着火面向木材内部及背火面传递，即为木材燃烧时的热传导过程，该过程满足热传导定律（又称为傅里叶定律）[17]。计算公式可表示为

$$q''=-K\frac{\mathrm{d}T}{\mathrm{d}X} \tag{1.2}$$

式中，q''为热流密度，W/m^2；K 为导热系数，W/(m · K)；$\mathrm{d}T/\mathrm{d}X$ 为 X 方向的温度梯度，K/m。

木材在受火条件下，火焰使得木材受火面周围空气温度升高，高温空气流将热量传递给木材受火面及周围木材表面，即为木材燃烧时的热对流过程。该过程遵循牛顿冷却定律。计算公式可表示为

$$q''=h(T_S-T_B) \tag{1.3}$$

式中，q''为热流密度，W/m^2；h 为物质的对流传热系数，$W/(m^2 \cdot K)$；T_S 为固体表面温度，K；T_B 为流体温度，K。

木材在受火条件下，受到周围燃烧物体或其他高温物体的热量辐射，即为木材燃烧时的热辐射过程。该过程适用于斯特藩-玻尔兹曼定律。计算公式可表示为

$$q=\varepsilon\sigma T^4 \tag{1.4}$$

式中，q 为热流率，W；ε 为黑体辐射系数（辐射率）；σ 为斯特藩-玻尔兹曼常数，取 $\sigma=5.67\times10^{-8}\ W/(m^2 \cdot K^4)$；$T$ 为热力学温度（绝对温度），K。

木材的临界着火热流值一定程度反映出木材着火的难易程度，介于木材发生着火的最大热流值与最小热流值之间[18]。除通过试验直接测量木材的临界

热流值之外,Lawson 等[19]基于木材导热理论提出木材热解模型,得出着火时间与外加辐射热流之间的控制方程为

$$t_{ig}=\frac{\pi}{2}K\rho c\frac{(T_{ig}-T_0)^2}{q_e''^2} \tag{1.5}$$

式中,t_{ig} 为木材着火时间,s;K 为导热系数,W/(m·K);ρ 为木材密度,kg/m^3;c 为木材比热容,J/(kg·K);T_{ig} 为木材着火温度,K;T_0 为环境温度,K;q_e'' 为外加辐射热流,W/m^2。

1.2.2 木材的着火理论

木材的主要成分是纤维素、半纤维素和木质素,其总量占木材的 90% 以上[20-22]。木材燃烧包括分解燃烧和表面燃烧,木材燃烧过程分为干燥准备、有焰燃烧及无焰燃烧 3 个阶段,当温度达到 150 ℃以上,木材开始热分解,当温度超过 250 ℃时,木材的热分解会产生大量可燃气体并引发自燃。因此,木材的着火类型主要分为自燃和点燃两种:①自燃,指木材达到一定温度时,由于水分挥发及可燃气体发生热分解,使木材在无火源点燃条件下仍发生燃烧;②点燃,指木材在点火源作用下,部分区域首先开始燃烧,随后火焰向木材其他部位进行热传递而导致火势蔓延。

1.2.3 木材表面火蔓延模型

木材作为碳化固体可燃物,进行表面燃烧时,由于碳化作用,使木材的火蔓延过程极其复杂。在实际木材燃烧过程中,由于木材表面碳化作用及流场影响,木材表面火焰会沿着流场方向蔓延,而逆流场方向会出现火焰熄灭现象,因此,在充分考虑流场及碳化层影响的条件下,将木材表面燃烧时火蔓延过程进行合理简化,如图 1.1 所示。

以木材为例,碳化固体可燃物燃烧时,可燃物表面气相控制方程可表示为

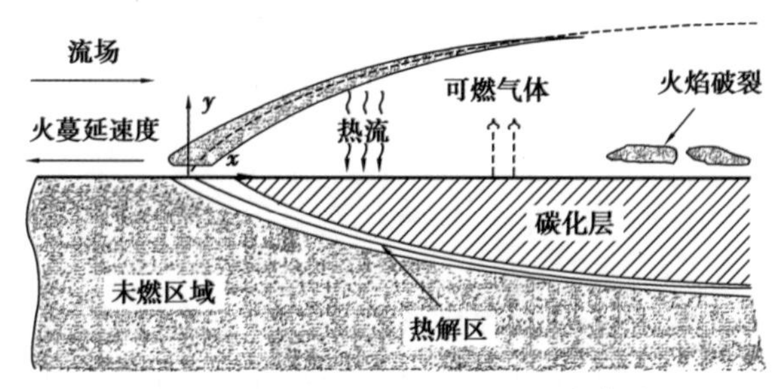

图 1.1　木材表面火蔓延简化模型[23]

$$\frac{\partial}{\partial x}(\rho u)+\frac{\partial}{\partial y}(\rho u)=0 \tag{1.6}$$

$$\rho u\frac{\partial Z}{\partial x}+\rho v\frac{\partial Z}{\partial y}=\frac{\partial}{\partial x}\left(\rho D\frac{\partial Z}{\partial x}\right)+\frac{\partial}{\partial y}\left(\rho D\frac{\partial Z}{\partial y}\right) \tag{1.7}$$

固相中未燃区域控制方程可表示为

$$\rho_{w}C_{pw}V\frac{\partial T_{w}}{\partial x}-\lambda_{s}\left[\frac{\partial^{2}T_{w}}{\partial x^{2}}+\frac{\partial^{2}T_{w}}{\partial y^{2}}\right]=0\quad -\infty<x<g(y);y\leqslant 0 \tag{1.8}$$

固相中碳化区域控制方程可表示为

$$\rho_{c}C_{pc}V\frac{\partial T_{c}}{\partial x}-\lambda_{c}\left[\frac{\partial^{2}T_{c}}{\partial x^{2}}+\frac{\partial^{2}T_{c}}{\partial y^{2}}\right]=0\quad g(y)\leqslant x<\infty;y\leqslant 0 \tag{1.9}$$

基于木材表面火蔓延模型及式(1.6)—式(1.9),对木材表面火蔓延过程气相中的环境流场进行奥辛流近似,化简得出木材燃烧过程中火蔓延速度,可表示为

$$V=U_{\infty}\frac{\lambda_{g}\rho_{g}C_{pg}}{\lambda_{c}\rho_{c}C_{c}}\left[\left(\frac{T_{f}-T_{\infty}}{T_{\infty}-T_{p}}\right)\right]\mathrm{erf}\left(\sqrt{\frac{\delta_{c}}{2}}c\right)^{2} \tag{1.10}$$

1.3　室内火灾发展及火灾蔓延

木结构吊脚楼古建筑室内可燃物或者建筑构件被火源点燃后,可燃物表面气相成分发生燃烧形成火焰,火焰高度及燃烧产生的高温会进一步促进木结构吊脚楼古建筑室内火蔓延。

1.3.1　火焰高度特征

木结构吊脚楼古建筑火灾过程中，火焰是引起火蔓延的主要因素，火焰高度作为火焰的主要参数，随时间发展而改变，想要确定火焰高度变得十分困难。除通过试验图像观察火焰高度外，国外学者根据大量试验研究提出可以计算火焰的经验公式。

火焰高度的研究中，由于火焰与空气之间存在不稳定性，Cetegen[24-27]通过研究火焰脉动频率研究火焰高度，并提出火焰脉动频率的计算方法，可表示为

$$K=C\left(\frac{\rho_\infty}{\rho_f-1}\right)^{\frac{1}{2}} \tag{1.11}$$

$$Ri=[(\rho_\infty-\rho_f)gD]\rho_\infty v_0^2 \tag{1.12}$$

$$f=K\sqrt{\frac{g}{D}}\left[\left(1+\frac{1}{Ri}\right)^{\frac{1}{2}}\cdot\frac{1}{\sqrt{Ri}}\right]^{-1} \tag{1.13}$$

式中，K 为试验取值，取值为 0.5；v_0 为开口处流体流速，m/s。

Thomas 等[28]将平均火焰高度定义为可燃气体与卷入火焰内部的空气完全反应时的高度，并提出基于火焰脉动频率的火焰平均高度计算公式。可表示为

$$\frac{L}{D}=f\left(\frac{m^2}{\rho^2 gD^2\beta\Delta T}\right) \tag{1.14}$$

式中，L 为火焰高度；D 为燃烧床的直径；m 为可燃气体的质量流率；ρ 为可燃气体的密度；g 为重力加速度；β 为空气膨胀系数；ΔT 为火焰与环境温度差值。

SFPE 消防工程手册[15]介绍了 Heskestad 等学者提出的平均火焰高度公式，可表示为

$$L=0.23Q_e^{\frac{2}{5}}-1.02D \tag{1.15}$$

当 Q_e 处于 7～700 $kW^{\frac{2}{5}}/m$ 时，Heskestad 提出的平均火焰高度公式计算结果与试验观察结果较为吻合。

1.3.2 室内火灾发展过程

单个木结构吊脚楼古建筑室内火灾发生及发展过程同其他建筑室内火灾一样，具有相同的规律，都经历由小到大、由发展到熄灭的过程。建筑室内火灾发展过程主要分为四个阶段[29]，如图1.2所示。

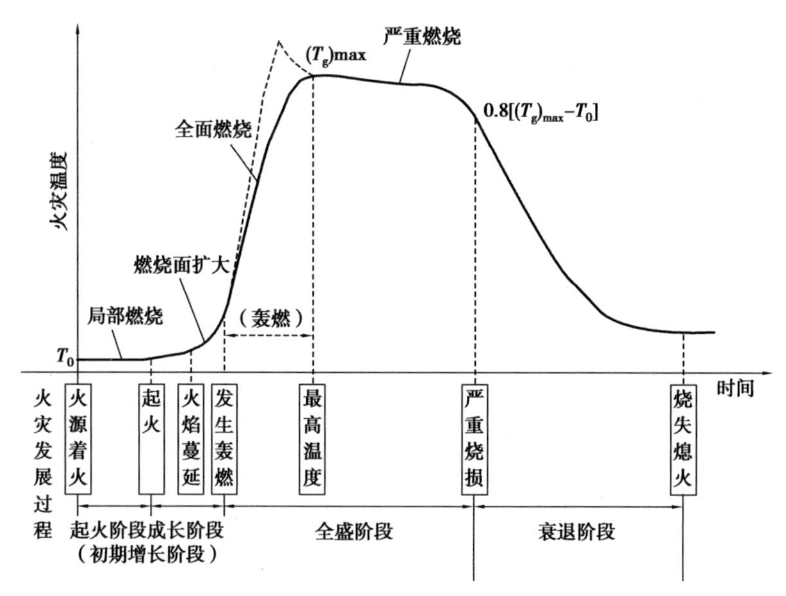

图1.2　室内火灾发展过程

1）起火阶段

建筑物室内可燃物被点着后，最初只是起火部位及其周围可燃物着火后缓慢燃烧，建筑室内仅仅发生局部燃烧，此过程火灾燃烧时受周围环境影响较小，且由于燃烧物数量少，因此室内升温速率较低。随着室内火灾的发展，室内火灾实际情况可能会出现3种燃烧现象：①可燃物距离其他可燃物较远，被火源点燃后，燃尽而导致火灾终止；②室内通风不良，火灾发展过程中由于通风供氧条件限制，可燃物以缓慢的燃烧速度持续燃烧；③室内不仅存在大量可燃物，而且具有良好通风条件，导致局部火灾发生后迅速引起周围可燃物燃烧，火灾进一步发展导致燃烧面扩大。起火阶段由于燃烧面积不大，燃烧面积仅仅局限于起火部位，此时室内仅燃烧物周围存在高温，而整个室内平均温度仍然较低，热对流及热辐射强度低，火灾发展缓慢。

2）成长阶段

木结构吊脚楼古建筑本身构件以及家具、家用电器等室内可燃物火灾蔓延是导致火灾发展扩大的主要原因。室内可燃物被火源点燃后，由于室内存在大量可燃物及充足的氧气，局部燃烧可燃物快速引燃周围可燃物，室内温度逐渐升高，热对流与热辐射强度显著增强，室内平均温度进一步升高，火灾周围可燃物热分解产生可燃性挥发物质，火焰向周围可燃物蔓延。

3）全盛阶段

由于室内温度升高，室内可燃物及木结构构件热分解产生大量可燃性挥发物质，室内温度引燃可燃性挥发物质，室内可燃物表面迅速起火，室内火灾由局部燃烧迅速转化为猛烈的全面燃烧，出现轰燃现象。

轰燃现象发生后，室内可燃物均猛烈燃烧，不仅火灾烟气温度迅速升高达到最大值，室内平均温度也迅速升高，并出现持续性高温，标志着室内火灾发展从缓慢燃烧的初期增长阶段进入全盛阶段。该阶段是室内火灾发展过程中的火灾最严重阶段，室内可燃物全面燃烧引起木建筑构件迅速燃烧，木楼板、木隔墙、木门及木窗等薄弱木构件迅速烧穿，高温烟气及火焰迅速向室外蔓延，火灾进一步向周围建筑物蔓延（本书主要研究单个木建筑火灾，不深入分析火灾向周围建筑蔓延而引起的其他特征及现象）。木结构吊脚楼古建筑本身由于木柱及木梁等承重构件在燃烧过程中承载能力下降，房屋可能出现坍塌。

4）衰退阶段

经过全盛阶段的猛烈燃烧后，木结构吊脚楼古建筑的室内可燃物大多被烧尽，同时由于自身承载能力降低，可能会出现坍塌现象，火灾燃烧剧烈程度迅速降低，室内温度快速降低，燃烧进入衰退阶段，燃烧向熄灭方向发展。但衰退阶段后还能维持较长时间高温，可能引起复燃。

木结构吊脚楼古建筑发生火灾过程中,尤其需要注意轰燃与复燃。轰燃阶段烟气温度急剧升高,有毒有害物质迅速释放,室内氧浓度迅速降低,因此在火灾发生后,应及时疏散室内人员,并及时采取措施灭火,防止出现轰燃现象[30]。木结构吊脚楼古建筑由于建筑构件可燃,轰燃发生后,木建筑承重构件易燃烧失效导致建筑坍塌,人员疏散及救援难度极大。

1.3.3 室内火灾蔓延影响因素

木结构吊脚楼古建筑在发生火灾后,单个木结构吊脚楼古建筑室内火灾蔓延受多种因素影响,除可燃物自身因素影响外,还受到环境因素的影响。可燃物自身因素包括:可燃物密度、含水率、厚度、热力特征及材料属性(挥发特性)等。环境因素包括:可燃物放置位置、室内流场速度、氧浓度及环境温度等。室内火灾蔓延机理如图 1.3 所示。

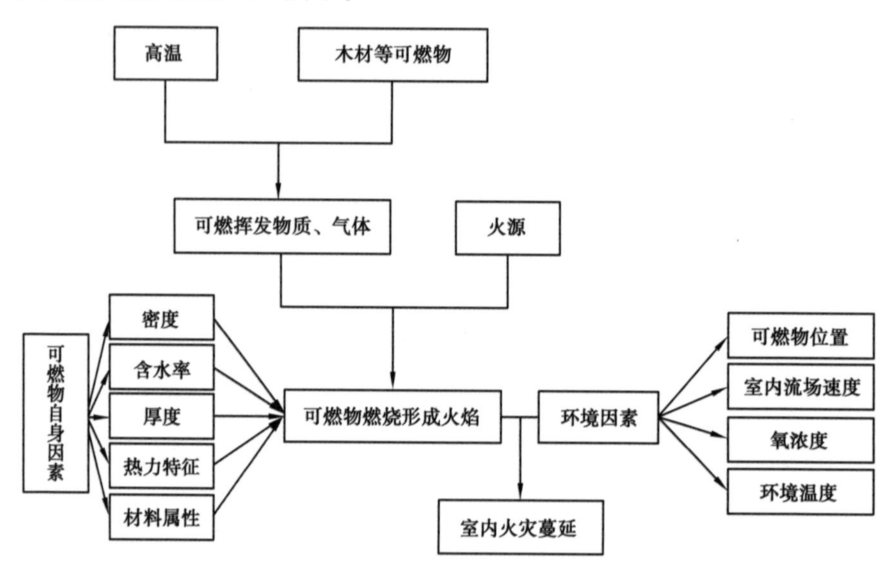

图 1.3 室内火灾蔓延机理

1)可燃物自身因素

可燃物发生燃烧时,可燃物在高温条件下受热分解产生可燃性挥发物质,热分解过程受可燃物自身的密度、含水率、厚度、热力特征及材料属性等因素影响[31]。可燃物含水率越高,其热分解速度越慢,火蔓延速度就越低,含水率过高还可能导致火无法蔓延。可燃物的挥发特性越强,热分解产生的可燃物质含量就越多,燃烧越剧烈,火蔓延过程就会加快。

2)环境因素

室内可燃物燃烧发生后,会受环境温度、氧浓度、流场速度等因素影响[32]。室内温度降低,热辐射和热对流作用明显减弱,火蔓延速度降低。室内氧浓度较低时,可燃物表面火蔓延速度与强迫逆流速度成反比[33-34]。可燃物起火位置不同时,燃烧时的流场速度、得氧情况及周围可燃物情况均不一样,因此可燃物起火位置对室内火蔓延影响程度较大[35],实际生活中室内起火源主要为沙发、床、地毯等织物,也有老化的电线及电气设备。可燃物所处位置不同时火焰蔓延规律不同,可燃物位于墙角时相较可燃物位于水平面及竖直面情况下火焰蔓延速度更快,火灾危险性更大。

1.4 木结构建筑群的火灾特点

木结构建筑群发生火灾时,其火灾蔓延与现代水泥建筑有很大的不同,为了更好地研究木结构建筑火灾蔓延的相关理论,找出影响其火灾蔓延的相关因素,本章分析木结构建筑发生火灾时的热传递方式,确定木结构建筑群发生火灾时的蔓延特性和火灾蔓延的临界温度。

1.4.1 火灾危险性

根据贵州省某木结构建筑群的现场调查情况可知[36],由于该地区旅游业的不断发展,对木结构建筑群进行改造,使得该地区火灾载荷增大,人员更加密集。一旦木结构建筑群发生火灾,就会造成巨大的经济损失和文化底蕴的丢失,还会严重威胁游客的人身安全,造成巨大的人员伤亡,因此需要分析木结构建筑群的特性,确定其危险性,贵州省某木结构建筑群如图 1.4 所示。

图 1.4　木结构建筑群

贵州省某木结构建筑群特点:①建筑群依山而建分布密集,大部分建筑之间防火间距较小;②建筑大多采用木质材料制成且存在时间较长,同时由于风化作用受损比较严重,火灾载荷较大,加快了火灾蔓延速度;③建筑存在时间较长,且处于山地地区,道路狭窄且坡度较大,消防车通行不便,当火灾事故发生时,无法进行有效的灭火行动,降低了救援效率。

由于该木结构建筑群的特点,同时木材作为易燃物为火灾的发生源源不断地提供了作为燃烧物质的基础,导致木结构建筑群具有较大的火灾危险性,主要从以下几个方面表现出来:

①导致起火的原因较多,消防安全管理比较困难。造成木结构建筑起火的原因较多,其中雷击等自然灾害造成的建筑火灾概率极小,同时可以采用避雷器等设备来预防雷击。人为造成的起火因素较多,如用火不慎、人为纵火、电器设备起火等都会导致火灾事故的发生。同时古木建筑群的消防安全管理等制度的不健全,人员防火意识较低等,使得消防安全管理更加困难。

②建筑耐火等级较低,增大了火灾发生的概率。根据《建筑设计防火规范》(GB 50016—2014)中的相关规范可知,建筑材料的防火等级要在三级到四级之

间[37],但实际建筑情况远远达不到要求。由于古木建筑群的建筑材料大多取自当地的木材,同时建筑存在时间较长,建筑物本身的材料发生氧化和侵蚀等,使得其耐火等级进一步降低。

③火灾载荷较大,火焰传播速度和燃烧速率较快。现代建筑中,每平方米的建筑中所使用的材料低于0.03 m^3,但是在古木建筑群中,每平方米的建筑中木材所占比达到100%,其火灾载荷约是现代建筑的33倍。同时由于木结构建筑发生火灾时,暴露在火源中的都是木质材料,火焰会沿着建筑表面蔓延到如窗帘、床铺等其他可燃物上,造成火势的进一步扩大,并且木结构建筑中空气对流较好,火焰向上蔓延形成立体燃烧,会造成局部温度达到约1 000 ℃。因此要及时扑救,避免出现大范围燃烧。

④建筑之间的防火间距较小,火灾蔓延速度加快。由于该木结构建筑群建成时间较早,建造初期的建筑群规划的防火间距严重不足,同时建筑群之间缺少必要的阻燃及防火设施,当火灾发生时,就会通过热辐射、热对流等方式传递到相邻建筑物上,造成"火烧连营"的情况。当建筑发生火灾一段时间后,木梁等会失去承载能力造成垮塌。

⑤交通条件较差,火灾扑救较困难。当地木结构建筑群依山而建,建筑群之间存在许多上山的小路,这些道路车辆无法通行,严重地拖延了火灾扑救工作。同时由于建筑内部消防设施的落后,缺少自动喷淋系统、火灾自动报警系统及烟雾检测系统等设备,发生火灾时只能采用传统的救火方式。并且火灾发生时会产生大量烟雾,使得人员视线受损,增加了火灾扑救的难度。

1.4.2 木结构建筑群火灾蔓延特性

为了定量掌握热烟气对木结构建筑群的热量传递,达到对木结构建筑群火灾蔓延的预测和控制的目的,本节根据传热学对烟气在木结构建筑群间的对流和辐射两种基本传热方式进行计算。计算过程中需要解决的两个基本的问题为:①已燃建筑群对未燃建筑群存在垂直向上和水平方向流动的热烟气,因此需要分开计算其热对流。②由于相邻建筑发生火灾,已燃建筑群的烟气向未燃建筑群的两侧和顶部流动,假设将未燃建筑看作一个长方体,烟气纵向掠过未燃烧的建筑群两侧墙面,烟气横向掠过未燃烧的建筑群的两个侧面和一个顶面,将未着火的建筑群的墙面近似看作平板。

1)蔓延模型

将木结构建筑群看作长方体,建筑群的墙面看作平板。建筑着火后产生的烟气包括水平和垂直向上的热烟气。其传热模型如图 1.5 所示。

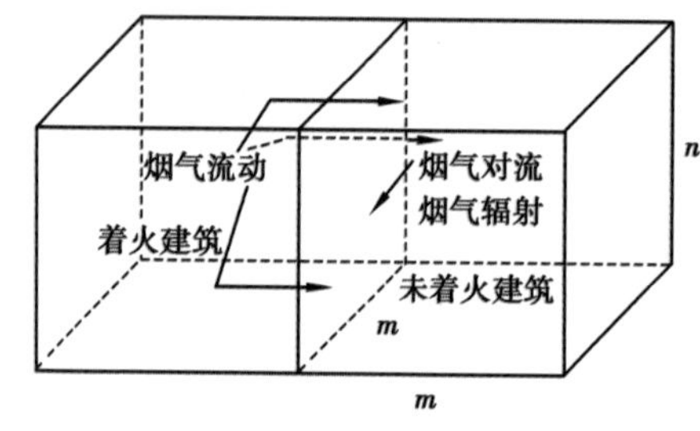

图 1.5　传热模型示意图

(1)烟气纵向掠过建筑群表面

①烟气纵向掠过建筑表面的自然对流换热系数。

烟气与木结构建筑物表面的对流换热过程根据传热学[38]中的自然对流换热实验关联式进行计算。

$$Nu_* = cGr_*^a Pr_*^a \tag{1.16}$$

式中,Nu 为努赛尔数,反应对流传热强弱;Gr 为格拉晓夫数;Pr 为普朗特数;下标 * 为应用定性温度 t^* 来确定的具体数值;c、a 的数值根据 Gr、Pr 通过查阅传热学[38]来确定。

$$t^* = \frac{t_1 + t_2}{2} \tag{1.17}$$

式中,t^* 为定性温度,℃;t_1 为未燃建筑墙面的温度,℃;t_2 为流动烟气的温度,℃。

$$Gr = \frac{\beta g(t_2 - t_1)l^3}{v^2} \tag{1.18}$$

$$\gamma = \frac{1}{t_2 + 273} \tag{1.19}$$

式中,γ 为烟气的体积膨胀系数;g 为当地的重力加速度,m/s^2;l 为特性长度即烟气掠过的高度,m;v 为运动黏度,m^2/s。

烟气纵向掠过建筑群表面的自然对流系数表示为

$$\beta_1 = \frac{\mu Nu}{n} \tag{1.20}$$

式中，μ 为导热系数，W/(m·℃)。

热流密度计算公式表示为

$$q_1 = \beta_1 (t_2 - t_1) \tag{1.21}$$

式中，q_1 为热流密度，W/m^2。

②纵向烟气掠过建筑群表面的强制对流换热系数。

随着未燃建筑群表面的温度逐渐增高并且出现火焰，烟气对该建筑的侧墙产生强制纵向掠过的影响，此过程看作强制掠过木板的过程。

平均换热系数依照传热学[38]，可表示为

当 $Re>5\times10^5$ 时，

$$Nu_1 = 0.037(Re^{\frac{4}{5}} - 23\ 546) Pr^{\frac{1}{3}} \tag{1.22}$$

式中，Re 为雷诺系数；Re、Pr 由式(1.17)中的定性温度 t^* 来决定。

当 $Re\leqslant5\times10^5$ 时，

$$Nu_2 = 0.664 Re^{\frac{1}{2}} Pr^{\frac{1}{3}} \tag{1.23}$$

$$Re = \frac{v_j \rho_j L_j}{\varphi_j} \tag{1.24}$$

式中，v_j 为烟气的流速，m/s；ρ_j 为烟气的密度，kg/m^3；L_j 为特征长度，m；φ_j 为烟气的动力黏度，kg/(m·s)。

烟气纵向掠过建筑表面的强制对流换热系数表示为

$$\beta_2 = \frac{\mu Nu}{n} \tag{1.25}$$

式中，n 为木结构建筑高度，m。

热流密度表示为

$$q_2 = \beta_2 (t_2 - t_1) \tag{1.26}$$

(2)烟气横向掠过建筑群表面

将烟气与建筑群墙面的对流换热过程看作以稳态常物性强制掠过平板的

过程，根据传热学[38]，其平均换热系数的公式为

$$Nu_3 = \frac{\beta_3 n}{\mu} = 0.037\left(Re^{\frac{4}{5}} - 23\ 546\right)Pr^{\frac{1}{3}} \tag{1.27}$$

式中，Pr 的选定根据式(1.16)确定。

热流密度表示为

$$q_3 = \beta_3(t_2 - t_1) \tag{1.28}$$

(3)辐射换热

①烟气黑度。

根据传热学[38]，烟气对建筑群墙面的辐射黑度的计算公式为

$$\theta_g = 1 - \frac{1}{e^{kpI}} \tag{1.29}$$

式中，θ_g 为烟气对建筑群表面的辐射黑度；k 为烟气辐射减弱系数，$bar^{-1} \cdot m^{-1}$；p 为烟气的压力，bar(1 bar=0.1 MPa)；I 为平均射线行程，m。

$$k = 1.02\left[\frac{0.78 + 1.6r_{H_2O}}{\sqrt{1.02IP_{RO_2}}} - 0.1\right] \times \left[1 - \frac{0.37(t_2 + 273)}{1\ 000}\right] r_{RO_2} \tag{1.30}$$

式中，r_{H_2O} 为烟气中的水蒸气所占容积的百分比；r_{RO_2} 为烟气之中三原子气体的容积所占的百分比；P_{RO_2} 为烟气中三原子的分压力，bar。

$$I = \frac{3.6V}{S} = 3.6\left[\frac{m(m+2)(n+1)}{2mn} + m^2\right] \tag{1.31}$$

式中，V 为烟气容积，m^3；S 为烟气掠过的建筑表面积之和，m^2；m、n 为建筑长度和宽度，m。

②烟气的吸收率。

根据传热学[38]，木结构建筑表面对烟气吸收率采用如下公式计算：

$$\alpha_g = \theta_g\left[\frac{t_2 + 273}{t_1 + 273}\right]^j \tag{1.32}$$

式中，α_g 为建筑表面对烟气的吸收率；j 为烟气中含灰量。

③烟气辐射换热的热流密度。

根据传热学[38]，烟气对木结构建筑群墙面的辐射换热的热流密度的计算公式为

$$q_4 = 5.67 \times \left[\frac{1+\theta_w}{2}\right] \times \left\{\theta_g\left[\frac{t_2+273}{100}\right]^4 - \alpha_g\left[\frac{t_1+273}{100}\right]^4\right\} \tag{1.33}$$

式中，θ_w 为建筑物品表面灰度。

④总换热量。

将上述计算的烟气与木结构建筑表面换热的热流密度和烟气掠过木结构建筑的表面积相结合，得到烟气与木结构建筑表面换热的总热量 Q，可表示为

$$Q = \sum S_i \times q_i \tag{1.34}$$

式中，S_i 为建筑表面换热的面积，m^2；q_i 为该面积上的热流密度，W/m^2。

2）换热分析

进行假设：

①木结构建筑可燃物成分：C（碳）为48%、H（氢）为6%、O（氧）为20%、S（硫）为0.1%、N（氮）为0.3%、M（水分）为15%、A（灰分）为5%，其他为5.6%。

②空气供给充足，能够使得可燃物充分燃烧，不会出现阴燃等其他情况，$r_{CO_2}=0.13$、$r_{H_2O}=0.11$。因此可以计算出烟气的成分，可以得出 $r_{H_2O}/r_{CO_2}=0.85$，在0.5~5，可以使用式（1.30）进行计算。

③根据贵州省某木结构建筑群实际情况，考虑烟气围绕建筑外墙范围的厚度为1 m，木结构建筑群表面的传热系数取值为0.11 W/（m·℃），建筑群高度 n 为11 m，未燃烧建筑群宽度 m 为10 m，取值 $j=0.4$、$\theta_w=0.9$。

④参考传热学[38]建筑表面温度近似取20 ℃，其法相黑度取值范围为0.8~0.92，本书取值为0.9。随着时间的推移，建筑表面温度逐渐升高可以选取60 ℃和100 ℃。

按式（1.21）、式（1.26）、式（1.28）、式（1.33）、式（1.34）进行计算，计算结果见表1.1。

表 1.1　烟气掠过木结构建筑的热流密度与总换热量

环境参数	v_j=6 m/s	v_j=8 m/s	v_j=10 m/s	v_j=6 m/s	v_j=6 m/s	v_j=6 m/s	v_j=6 m/s
	t_1=20 ℃	t_1=20 ℃	t_1=20 ℃	t_1=20 ℃	t_1=20 ℃	t_1=60 ℃	t_1=100 ℃
	t_2=400 ℃	t_2=400 ℃	t_2=400 ℃	t_2=600 ℃	t_2=800 ℃	t_2=600 ℃	t_2=800 ℃
q_1	2 570.7	2 570.7	2 570.7	4 095.2	5 568.4	3 599.6	4 677.6
q_2	3 900.6	5 183.3	6 402.7	4 998.52	5 697.0	4 394.1	4 710.5
q_3	3 536.7	4 725.2	5 855.1	4 490.17	5 055.9	3 930.8	4 150.3
q_4	9 662.1	9 662.1	9 662.1	27 543.6	61 473.2	27 220.8	60 670.3
Q_1	565 562.4	565 562.4	565 562.4	900 944.8	1 225 058.2	791 917.9	1 029 069.7
Q_2	858 128.0	1 140 319.9	1 408 591.0	1 099 673.6	1 253 329.0	966 699.2	1 036 314.9
Q_3	1 131 743.3	1 512 070.7	1 873 636.4	1 436 853.7	1 617 901.0	1 257 854.9	1 328 082.6
Q	5 647 317.2	6 309 836.5	6 939 673.4	12 251 421.2	23 767 726.5	11 727 112.2	22 807 969.9

烟气流速对热辐射的影响：已燃建筑产生的烟气流动速度主要与风速有关。烟气流速的大小对辐射换热和纵向烟气自然掠过建筑表面的热流密度及换热量影响很小；随着烟气流速的增加，纵向烟气强制掠过建筑表面、横向烟气掠过建筑表面的对流换热密度和换热量增加，烟速每增加 2 m/s，建筑表面热流密度和换热量的增加值几乎相同，而建筑表面的总换热量增长值相近其幅度较小。

烟气温度对热辐射的影响：随着已燃建筑的不断燃烧，已燃建筑向未燃建筑传递的烟气温度逐渐增加。当假定未燃建筑表面温度不变时，随着烟气温度每增加 200 ℃，纵向烟气自然掠过建筑表面的热流密度和换热量的增加量几乎相同，而纵向烟气强制掠过建筑表面及横向烟气掠过建筑表面的增加量逐渐减少，烟气温度越高，换热量及热流密度的增长幅度越小，建筑表面的辐射换热的热流密度及总换热量成倍增加，增加幅度较大。

建筑表面温度对热辐射的影响：随着已燃建筑不断向未燃建筑传递高温烟气，烟气温度升高的同时，未燃建筑表面的温度逐渐升高并达到燃点发生起火。

在此期间,建筑表面温度也同时发生增长,纵向烟气及横向烟气掠过建筑表面的热流密度及换热量增加量几乎一致,只是建筑表面的辐射换热出现大幅度增长,呈现出几何倍数增加,同时建筑表面的换热总量也在成倍增加,但与建筑表面温度一定时,各项数值的总变化量相差不大。故可认为建筑表面温度对建筑表面热传递影响很小。

第2章 木结构构件火灾试验研究

木结构吊脚楼古建筑发生火灾后，吊脚楼古建筑室内火灾发展往往会经历火势由小到大、由发展到熄灭的过程，木结构建筑发生火灾过程中，尤其需要重点关注轰燃与复燃。轰燃阶段烟气温度急剧升高，有毒有害物质迅速释放，室内氧浓度迅速降低，复燃会导致火势进一步扩大，造成二次破坏。火势剧烈燃烧后会出现部分构件破坏而导致建筑整体坍塌等严重后果。在吊脚楼建筑火灾过程中，木楼板、隔墙木板会首先出现烧穿而导致火灾在整栋建筑内部蔓延，木梁会由于表面炭化而失去承载力，导致建筑坍塌，因此本章将通过火灾试验重点研究木梁、木楼板及隔墙木板火灾条件下的耐火性能，分析木梁、木楼板及隔墙木板在火灾发生后的燃烧特性和火焰蔓延规律。

木结构试验样品在火灾试验过程中，持续燃烧后，试验样品受火处炭化程度加深，本章节通过5根胶合木梁研究不同受火时间下木梁炭化情况，通过4块胶合木楼板研究不同截面厚度、不同火源条件下木楼板燃烧特性及炭化情况，通过5块隔墙木板在油池火及本生灯小火源作用下，对隔墙木板燃烧特性、炭化情况及背火面温度变化规律展开研究。通过对木结构试验样品火灾实验结果研究分析，为探究木结构建筑火灾防治提供科学依据。

2.1 木材热解特性分析

通过考察贵州某少数民族聚集群落，已知该群落建筑用木为松木，因此选择该群落的构件拆解作为试验样品。对该试样进行不同气氛及不同升温速率下的热重分析。

2.1.1 木材理化特性对火灾作用分析

在木结构构件火灾蔓延过程中，主要受木材密度、含水率、导热系数及木材比热容的影响。

1）木材密度测试

木材密度测试参考《无疵小试样木材物理力学性质试验方法第5部分：密度测定》(GB/T 1927.5—2021)[39]。为减小试验误差，本次木材密度测试试验主要制作10个试样，取10个试样平均值为木材密度，试样加工尺寸均为50 mm×50 mm×50 mm。试验样品如图2.1所示，试验用电子天平HR-200，最大量程为210 g，测试精度为0.1 mg(0.000 1 g)。电子天平如图2.2所示。密度测定通过称量试样质量，根据体积进行换算。木材气干密度测定结果见表2.1。

图2.1 密度测试试验样品

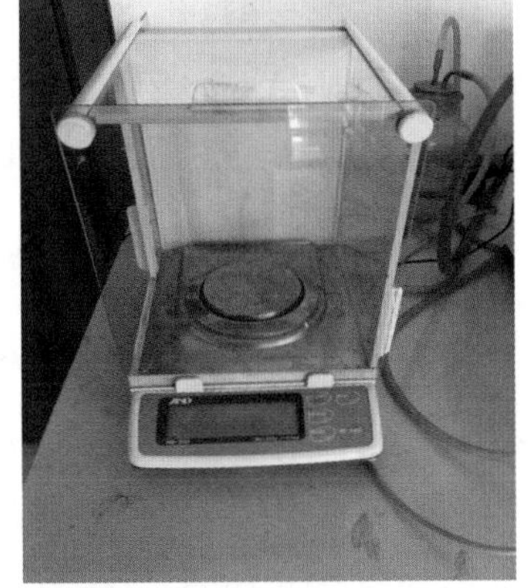

图2.2 密度测试用电子天平

表2.1 木材试样气干密度测定结果

试样编号	试样尺寸/(mm×mm×mm)	试样质量/g	试样气干密度/($g\cdot cm^{-3}$)	试样平均气干密度/($g\cdot cm^{-3}$)
ρ_1	50.7×49.4×49.9	56.063 5	0.448 5	0.453 7

续表

试样编号	试样尺寸/(mm×mm×mm)	试样质量/g	试样气干密度/(g·cm^{-3})	试样平均气干密度/(g·cm^{-3})
ρ_2	50.1×50.5×49.6	56.801 2	0.454 4	0.453 7
ρ_3	49.8×49.6×50.4	56.542 1	0.452 3	
ρ_4	50.1×49.3×50.5	57.271 2	0.458 2	
ρ_5	49.7×50.2×49.6	56.154 3	0.449 2	
ρ_6	49.2×49.8×49.7	56.691 3	0.453 5	
ρ_7	49.3×50.5×49.6	56.321 0	0.450 6	
ρ_8	50.4×49.8×50.2	57.161 5	0.457 3	
ρ_9	49.5×49.8×50.3	56.932 8	0.455 5	
ρ_{10}	50.3×49.8×49.5	57.129 3	0.457 0	

通过表 2.1 可知,木材试样的具体尺寸与加工尺寸误差不超过 1 mm,误差较小,单个试样质量在 56.063 5 ~ 57.271 2 g,求得木材试样平均气干密度为 0.453 7 g,即 453.7 kg/m^3。

2)木材含水率

木材含水率测试参考《无疵小试样木材物理力学性质试验方法第 4 部分:含水率测定》(GB/T 1927.4—2021)[40]。为降低加工尺寸误差带来的影响,本次试验样品加工尺寸为 100 mm×100 mm×100 mm,本次木材含水率测定试验共 10 个试样,取 10 个试样含水率平均值作为本次木材样品的含水率。所有试样同时放入干燥箱中,设定温度为 100±2 ℃,烘干时间为 12 h。试验过程共两次称量试样质量,第一次称量为试样未进行干燥前,第二次称量为试样干燥 12 h 后。试验样品如图 2.3 所示,干燥箱如图 2.4 所示。

图 2.3　含水率测试试验样品

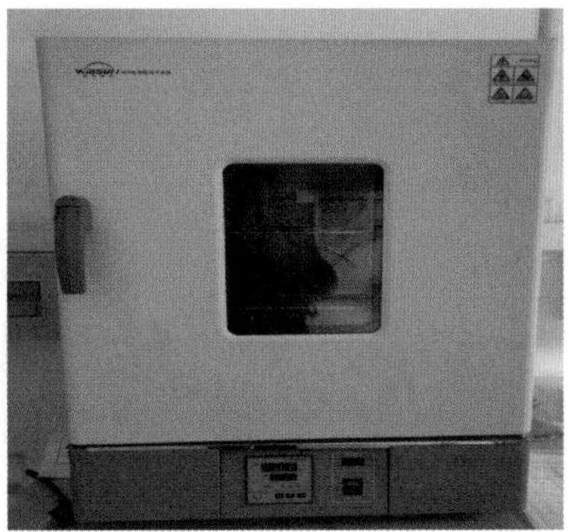

图 2.4　干燥箱

表 2.2　木材含水率测定结果

试样编号	试样尺寸/(mm×mm×mm)	试样原始质量/g	试验全干质量/g	试样含水率/%	平均含水率/%
ω_1	100.6×99.5×99.9	453.05	390.02	13.91	14.60
ω_2	100.3×100.7×99.6	454.61	387.51	14.76	
ω_3	99.5×99.8×100.4	453.36	386.92	14.66	
ω_4	99.2×99.7×100.5	454.53	393.87	13.35	
ω_5	99.7×99.2×99.6	453.61	383.13	15.54	
ω_6	99.2×99.6×99.7	453.12	385.20	14.99	
ω_7	99.3×100.5×99.6	454.32	389.43	14.28	
ω_8	90.4×99.8×99.2	452.56	387.12	14.46	
ω_9	99.5×99.3×100.3	453.47	385.07	15.08	
ω_{10}	100.4×99.7×100.5	454.42	386.19	15.01	

通过表 2.2 可知,木材试样的具体尺寸与加工尺寸误差不超过 1 mm,误差较小,单个试样原始质量在 452.56 ~ 454.61 g,试验全干质量在 383.13 ~ 393.87 g,求得木材试样平均含水率为 14.6%。

3）木材导热系数

木材密度小且含有大量孔隙，孔隙内部存在空气，空气导热性较差。季经纬等[41-42]通过试验研究木材变热流条件下木材的点燃特性，并在其博士论文中介绍了温度对木材导热系数影响的经验公式，计算公式可表示为

$$\lambda(T)=\lambda_n[1+0.002(T-T_n)] \tag{2.1}$$

式中，λ_n 为某一基准温度下的导热系数。

木材导热系数的影响因素较多，除温度外，还受木材含水率、木材纤维方向及木材的密度等因素影响。木材密度越大，木材内部的孔隙越小，孔隙内空气含量越低，木材导热系数越大；同理，木材含水率越大，木材内部的孔隙中的空气含量越低水分含量越大，木材导热系数越大。国外学者基于试验研究提出了在木材含水率低于25%条件下，木材横纹方向的导热率的线性计算公式[43]，计算公式可表示为

$$\lambda=G(B+CM)+A \tag{2.2}$$

式中，G 为木材的相对密度（无空隙木材的质量与相同体积下水的质量的比值）；A、B、C 为常数，当含水率低于25%、温度为24 ℃、相对密度 $G>0.3$ 时，$A=0.001\ 864$，$B=0.194\ 1$，$C=0.004\ 046$。

4）木材比热容

木材的比热容主要与木材的温度和木材含水率有关。干燥木材忽略木材中水分对比热容的影响，因此干燥木材的比热容只与木材的温度有关，计算公式可表示为

$$c=0.103\ 1+0.003\ 867T \tag{2.3}$$

式中，c 为干燥木材的比热容，J/(kg·K)；T 为木材温度，K。

大部分木材含水率都大于0，木材的比热容受到温度与含水率影响，因此基于修正后的木材比热容的计算公式可表示为

$$c_1=\frac{c+0.01Mc_w}{1+0.01M}+A_c \tag{2.4}$$

$$A_c = M(-0.06191 + 2.36\times10^{-4}T - 1.33\times10^{-4}M) \tag{2.5}$$

式中，c_1 为含水木材的比热容，J/(kg·K)；c_w 为水的比热容，J/(kg·K)；A_c 为修正系数。

式(2.4)与式(2.5)适用于温度区间为 7～147 ℃时的木材。

2.1.2　木材热解过程

可燃物在燃烧前会进行热分解，热分解过程会产生大量可燃性挥发物质，可燃性挥发物质与空气混合后遇到明火即进行有焰燃烧，可燃物热解过程为有焰燃烧及火灾蔓延提供物质基础[44-50]。木材在低于 300 ℃时热分解产生非可燃性挥发物、CO、CO_2、H_2O 及碳残余物，与氧气混合后会出现闪燃现象；木材在高于 300 ℃时热分解产生可燃性挥发物、CO_2、H_2O 及碳残余物，与火焰混合后会出现明火燃烧。

2.1.3　木材热解参数试验

对贵州省某吊脚楼群落建筑构件进行取样，试样为松木，对试样在不同氛围、不同升温速率条件下进行热重分析。通过木材热重分析的 TG-DTA 曲线能直观得到木材试样在特定氛围及某一升温速率下的质量变化规律，进而反映试样在不同温度区间热分解主要生成物的相态。

1）试样制备

试验样品取自贵州省某松木木结构吊脚楼古建筑构件，该构件质地均匀。为降低试验样品含水率及粒径大小对试验的影响，试样研磨前在干燥箱 60 ℃条件下干燥 8 h，冷却后进行反复研磨，并用 100 目筛子进行筛选，保证样品粒径小于 0.15 mm。样品研磨筛选后将粒径低于 0.15 mm 的木粉样品放置于干燥箱，在 60 ℃条件下再干燥 4 h，以充分去除试验水分，木粉干燥后冷却以备试验使用。

2）试验仪器及试验条件

本次试验使用北京博渊精准科技发展有限公司生产的 DTU-2A 型差热热重

分析仪，进行试样热重试验分析，试样样品质量均称量为 5 mg，在空气及氮气氛围条件下，控制升温速率为 10、20、30、40、50、60、70 及 80 ℃/min 8 种升温条件下的试样样品热重分析，以测量试验样品在不同升温速率、不同氛围时的热解特性。差热分析仪、样品称量及热解特性试验气体流量图如图 2.5 至图 2.7 所示。

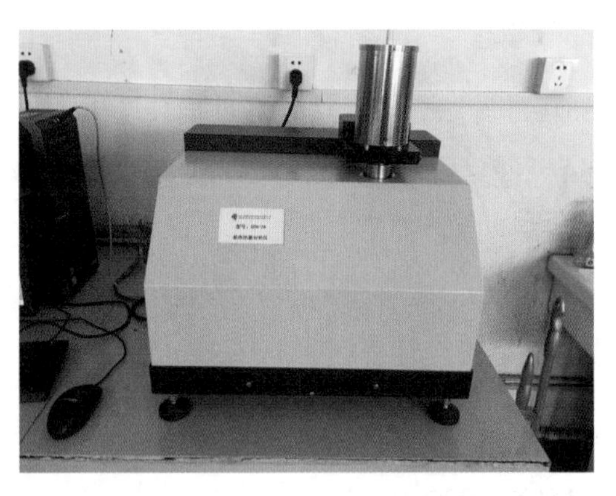

图 2.5　DTU-2A 型差热热重分析仪

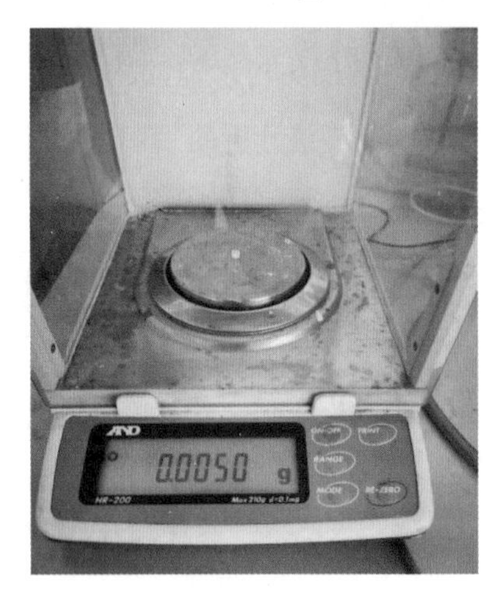

图 2.6　试样样品称量图

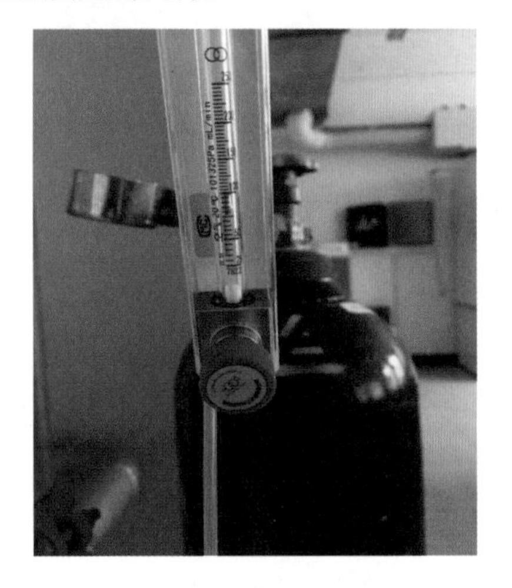

图 2.7　热解特性试验气体流量图

3)氮气条件下松木试样热解特性分析

在松木试样样品在氮气氛围条件下的热解过程中，试样前 5 min 设置炉温为50 ℃,对木粉进行干燥,以期降低环境温度及称量过程中空气水分对试验的影响,终点温度设置为800 ℃,氮气流速为100 mL/min。

随着升温速率提高,试验热分解结束温度逐渐升高。升温速率为10 ℃/min时,热解过程结束温度为467 ℃;升温速率为80 ℃/min时,热解过程结束温度为500 ℃。升温速率越低,试样达到同一温度需要时间越久,热分解过程持续时间越长,热分解越充分,因此热分解结束温度越低。松木试样在氮气氛围下不同升温速率过程的热解失重情况见表2.3。

表2.3　松木试样氮气氛围下不同阶段热解失重

升温速率/(℃·min^{-1})	保温阶段		脱水阶段		失重阶段		热解过程结束温度/℃
	温度区间/℃	失重率/%	温度区间/℃	失重率/%	温度区间/℃	失重率/%	
10	10~50	0	50~250	1.9	250~600	83.2	467
20	10~50	0	50~250	1.6	250~600	83.3	500
30	10~50	0	50~250	4.7	250~600	76.2	501
40	10~50	0	50~250	4	250~600	81.8	542
50	10~50	0	50~250	1.6	250~600	87.5	569
60	10~50	0	50~250	5.2	250~600	78.2	578
70	10~50	0	50~250	4.8	250~600	80.5	588
80	10~50	0	50~250	7	250~600	81.5	580

4)空气条件下松木试样热解特性分析

在松木试样样品在空气氛围条件下的热解过程中,试样前5 min设置炉温为50 ℃,对木粉进行干燥,以期降低环境温度及称量过程中空气水分对试验的影响,终点温度设置为800 ℃,空气流速为100 mL/min。

随着升温速率提高,试验热分解结束温度逐渐升高。升温速率为10 ℃/min时,热解过程结束温度为465 ℃;升温速率为80 ℃/min时,热解过程结束温度为649 ℃。松木试样在空气氛围下不同升温速率过程的热解失重情况见表2.4。

表 2.4　松木试样空气氛围下不同阶段热解失重

升温速率/(℃·min^{-1})	保温阶段		脱水阶段		失重阶段		热解过程结束温度/℃
	温度区间/℃	失重率/%	温度区间/℃	失重率/%	温度区间/℃	失重率/%	
10	50 ~ 50	0	50 ~ 250	2.5	250 ~ 650	83.0	465
20	50 ~ 50	0	50 ~ 250	2.9	250 ~ 650	86.8	483
30	50 ~ 50	0	50 ~ 250	4.1	250 ~ 650	86.0	538
40	50 ~ 50	0	50 ~ 250	3.9	250 ~ 650	86.7	567
50	50 ~ 50	0	50 ~ 250	4.1	250 ~ 650	90.3	596
60	50 ~ 50	0	50 ~ 250	5.5	250 ~ 650	90.0	622
70	50 ~ 50	0	50 ~ 250	5.3	250 ~ 650	99.4	638
80	50 ~ 50	0	50 ~ 250	6.3	250 ~ 650	85.0	649

松木试样在氮气及空气氛围下,随着温度升高,样品的热失重主要分为以下几个阶段:

①保温阶段。试验开始前 5 min 为样品保温阶段,该阶段温度设置为 50 ℃。其目的是降低环境温度对试验结果的影响,且试样虽在试验前进行干燥,但测量时试样暴露于空气中,会吸收空气中水分,进行 5 min 的保温,以降低空气水分对试样实验结果的影响。

②脱水阶段。经过试样在温度为 50 ℃保温 5 min 后,试样样品温度逐渐升高。在温度区间 50 ~ 250 ℃,试验主要进行水分蒸发,试样试验前已进行干燥,因此该温度区间试验样品质量损失较小。

③失重阶段。在温度区间 250 ~ 600 ℃,试样开始快速失重,失重率约在 80%,空气氛围下松木试样热失重率较氮气氛围下略大。

④稳定阶段。温度超过 650 ℃时,试样热失重已达到最大后趋于稳定,试样热分解过程已结束,试样质量几乎保持不变,此时试样质量主要是不可挥发物及固体碳焦的质量。

综合表2.3及表2.4可知，相同升温速率条件下，松木试样在空气氛围下热失重率略大于氮气氛围下的热失重率，试样样品在250 ℃内时，空气氛围热失重率略大于氮气氛围热失重率。

木材的热解过程是纤维素类物质的分解及热解产生的积炭燃烧的共同结果。关于松木类物质的热解分析，20世纪末Bilbao等[46]及Orfao等[47]学者通过对等纤维素和松木屑进行试验，认为纤维素及松木屑热解过程主要分为两个阶段，第一阶段为纤维素、半纤维素及木质素热解叠加的过程，该过程纤维素及半纤维素完全热解，木质素部分热解；第二阶段为木质素热解及第一阶段产生的积炭燃烧共同导致的。为探究不同升温速率对纤维素物质热解过程的影响，Saad等[51]在氮气氛围下以不同的加热速率，对芝麻和蚕豆茎的植物残渣和胶囊进行热分解，主要区域释放出约90%的挥发性物质，并且加热速率的变化极大地影响了生物质的反应性。

2.2　木梁火灾试验现象及结果分析

木结构吊脚楼古建筑中，木梁作为承重构件，其火灾性能直接影响吊脚楼整体建筑安全，其炭化程度不仅直接关系到建筑坍塌时间，还对人员疏散带来极大影响，因此，本节将对木梁试样进行不同受火时间炭化情况研究，探究木梁试样在不同受火时间下炭化情况。

2.2.1　试验设计

1）试验概况

本节内容主要进行木梁试验样品油池火三面受火燃烧炭化情况分析。本次木梁试验样品共5根，其中2根木梁试验样品用于测量在池火火源作用下受火背面温度变化及受火侧面温度变化。3 根木梁试验样品用于测量池火作用下不同受火时间木梁试验样品的炭化情况。

木梁试验样品火灾性能试验在沈阳航空航天大学辽宁省飞机火爆防控与可靠性适航技术重点实验室进行,在本次燃烧试验中主要测量木梁在 250 mm 油盘池火燃烧过程中受火侧面温度变化、受火背面温度变化,以及木梁受火 30、45 及 60 min 后各测点炭化情况。木梁各试验样品具体参数详见表 2.5。

表 2.5　木梁试验样品具体参数

组别	试样编号	树种材质	试样截面尺寸 /(mm×mm×mm)	池火尺寸 /mm
木梁	CHML-25-1	松木胶合木	120×120×1 600	250
	CHML-25-2			
	CHML-30			
	CHML-45			
	CHML-60			

2)热电偶布置

为了解木梁试验样品在燃烧过程中受火背面温度变化情况及受火侧面温度变化情况,木梁试验样品 CHML-25-1 与木梁试验样品 CHML-25-2 均匀布置 9 个温度测量区间为-20 ~1 000 ℃的 K 型热电偶,各热电偶间距均为 100 mm,温度测点 5 位于试验样品中心处,热电偶固定时,为降低金属对传热的影响,因此采用图钉对 K 型热电偶进行固定。热电偶布置如图 2.8 所示,木梁试验样品长度为 1 600 mm,宽度、高度均为 120 mm,测点 5 位于试验中心处,测点间距为 100 mm。

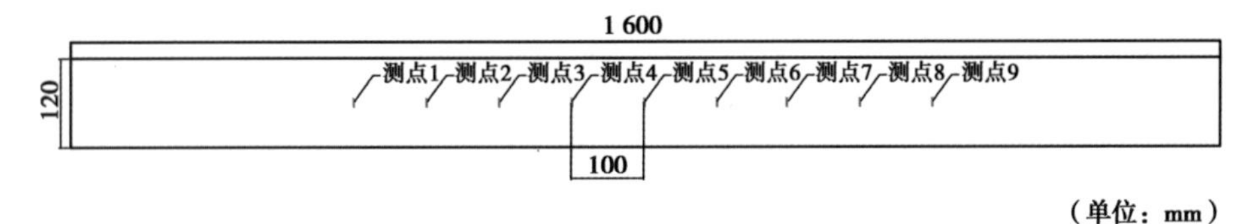

(a)120 mm×120 mm×1 600 mm 木梁热电偶布置示意图

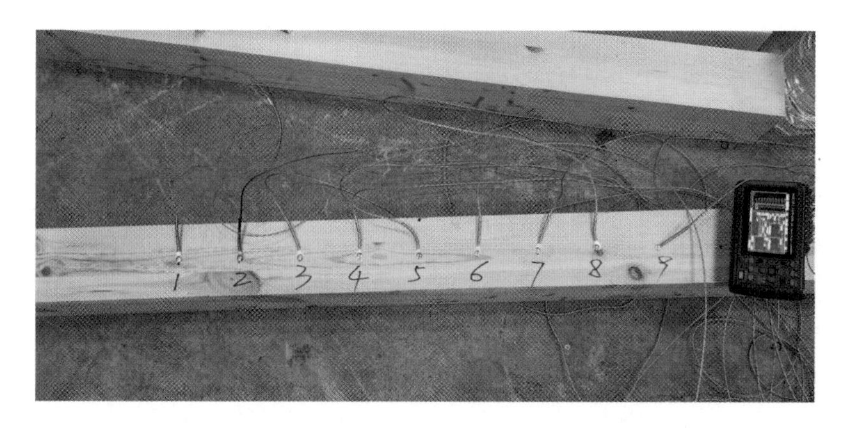

(b)120 mm×120 mm×1 600 mm 木梁热电偶布置实物图

图 2.8　木梁试验样品热电偶布置图

木梁试验样品 CHML-30、木梁试验样品 CHML-45 及木梁试验样品 CHML-60 为进行池火火源燃烧温度变化记录，主要研究木梁试验样品在不同受火时间下的炭化情况，因此木梁试验样品共标记 5 个测点(测点-2、-1、0、1、2，各测点间距 100 mm)，以探究木梁试验样品燃烧结束后各点截面炭化情况，如图 2.9 所示。

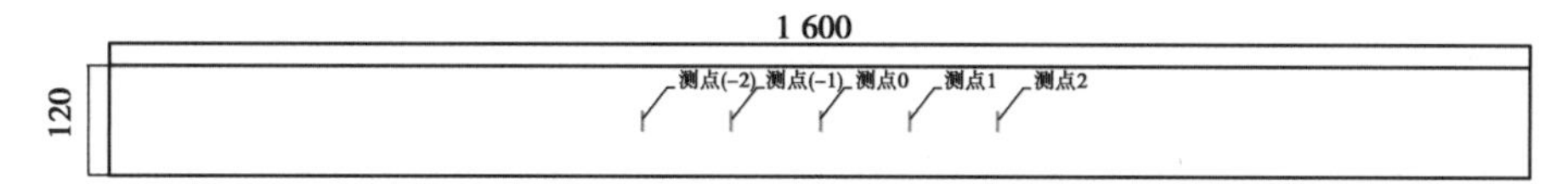

(a)120 mm×120 mm×1 600 mm 木梁测点布置示意图

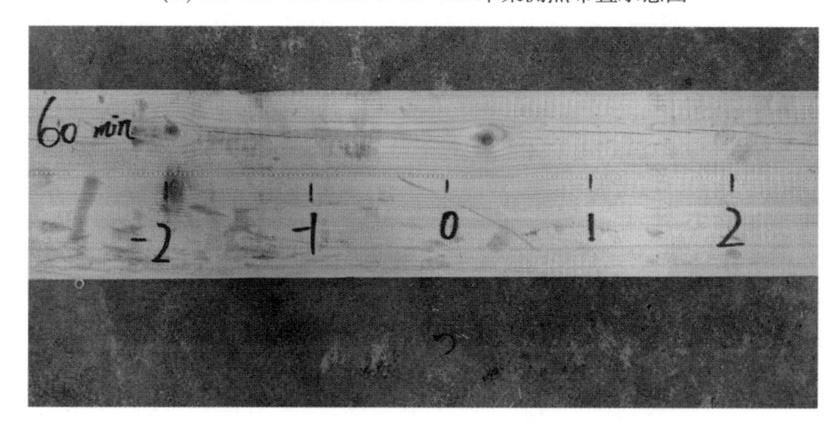

(b)120 mm×120 mm×1 600 mm 木梁测点布置实物图

图 2.9　木梁试验样品炭化截面测点布置图

3)试验终止

本次试验主要测量木梁试验样品在30、45及60 min受火时间下的炭化情况及试样温度变化,因此当试验样品达到30、45及60 min时停止受火试验,取出试样,进行各测点断面炭化情况分析及测点温度记录数据整理。

其他终止条件:若木梁试验样品在试验过程中,出现试样断裂、折断等情况,试验终止;若木梁试验样品试验过程中,若背面测点温度超过180 ℃,试验终止[52]。

2.2.2 木梁火灾试验现象分析

在本次燃烧试验中,主要测量木梁在250 mm油盘池火燃烧过程中受火侧面温度变化、受火背面温度变化,以及木梁受火30、45及60 min后各部分炭化情况。木炭受火背面及侧面测温燃烧记录图如图2. 10、图2. 11所示。在油池火火源作用燃烧过程中,由于各木梁试验样品材质、火源大小及试验距离与火源位置距离均相同,木梁试验样品在燃烧过程中燃烧特性及火焰蔓延规律较为相似。在250 mm油盘池火加热过程中,大约1 min20 s时木梁试验样品受火面开始被点燃,火焰开始缓慢燃烧;持续火源加热4 min时,木梁受火面火焰迅速燃烧,火势增大,燃烧过程中出现"噼啪"爆鸣声;火源在持续加热及木梁试验样品表面火焰燃烧的作用下,木梁受火面开始炭化,炭化作用后试样受火面火势逐渐减小,需池火火源持续加热燃烧,木梁才能保持有焰燃烧。木梁试验样品CHML-25-1池火火源作用燃烧时间为45 min,木梁试验样品CHML-25-2池火火源作用燃烧时间为30 min。探究木梁受火30、45及60 min后木梁炭化情况时,主要探究木梁受火面及受火侧面木材炭化厚度,未进行木梁温度变化测量。

图 2.10　木梁受火背面测温燃烧记录图

图 2.11　木梁受火侧面测温燃烧记录图

2.2.3　试验结果分析

1)木梁试验样品温度场变化分析

为有效、充分记录木梁试验样品池火燃烧过程中受火背面温度变化及受火侧面温度变化数据,木梁试验样品池火燃烧试验过程中 K 型热电偶每 5 s 采集一次温度数据,木梁试验样品 CHML-25-1 温度采集时间为 1 650 s,木梁试验样品 CHML-25-2 温度采集时间为 1 950 s。木梁试验样品池火燃烧过程中受火背面及受火侧面温度变化如图 2.12 所示。

由图 2.12 木梁试验样品受火过程温度变化情况可知:

①木梁试验样品 CHML-25-1 在受火过程中,由于热电偶布置在试验样品受火侧面,因此热电偶温度上升速率较快,测点 4 与测点 5 位于池火油盘上方,测点 5 位于油盘中心正上方,由于试验时,受空气流场影响,火焰往测点 4 倾斜,测点 4 及测点 5 温度最大值均超过 600 ℃。

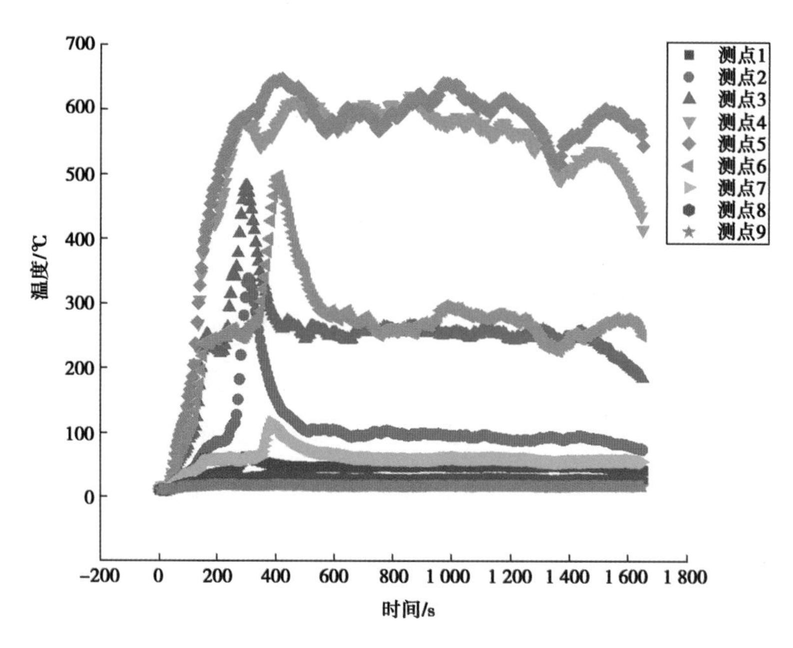

(a)木梁 CHML-25-1

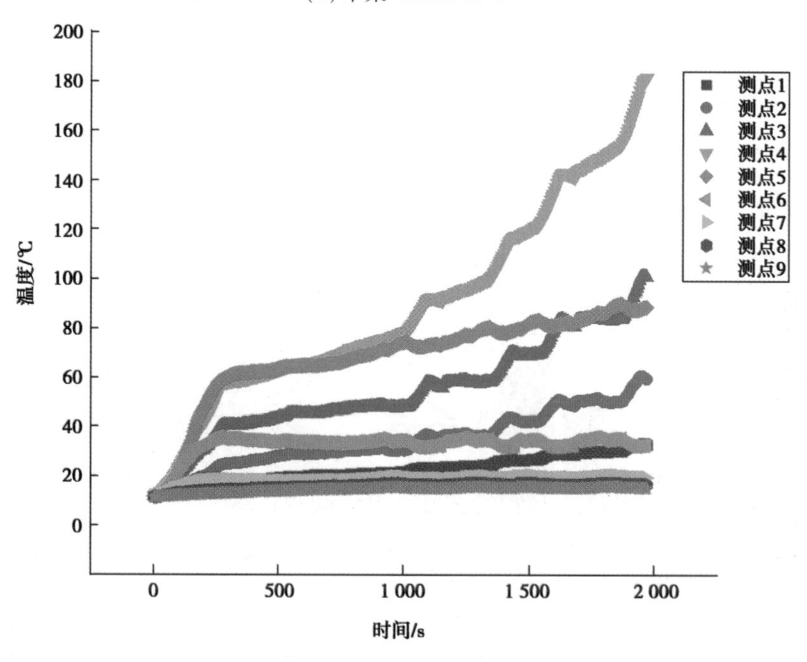

(b)木梁 CHML-25-2

图 2.12　木梁试验样品受火过程温度变化情况

②木梁试验样品 CHML-25-1 侧面温度随测点 4 及测点 5 向两端逐渐降低，热电偶记录火焰温度，木梁试验样品被点燃后，火势增大，试样受火 100 s 时，受到木梁试验样品燃烧火焰热辐射作用，测点 3 与测点 6 温度快速升高并先后超过 490 ℃，随着木梁试验样品火焰逐渐减小，测点 3 及测点 6 温度不断降低后趋于稳定。

③木梁试验样品 CHML-25-2 在受火过程中，受火背面温度达到 181.7 ℃，已达到试验终止条件，结束试验。由于试验过程中，K 型热电偶设置于试验样品受火背面，因此受火焰辐射影响较低，主要测量木梁试验样品在池火火源持续作用下温度变化情况。测点 5 位于火源中心正上方，但由于火焰波动及空气流场影响，火焰往测点 4 偏移，因此测点 4 温度首先达到 180 ℃。

2）木梁试验样品炭化情况分析

在木梁试验样品池火燃烧试验中，木梁试验样品 CHML-25-1 与木梁试验样品 CHML-25-2 既进行温度变化分析又进行炭化情况分析，木梁试验样品 CHML-30、木梁试验样品 CHML-45 及木梁试验样品 CHML-60 只进行炭化情况分析。木梁试验样品燃烧试验结束后各木梁试验样品测点截面炭化情况如图 2.13 所示。

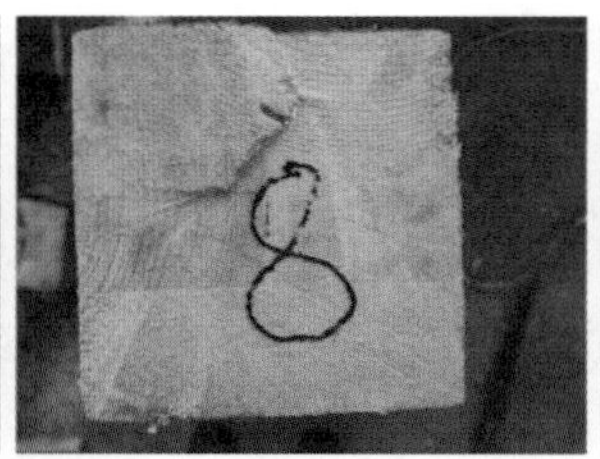

(a)木梁试验样品 CHML-25-1

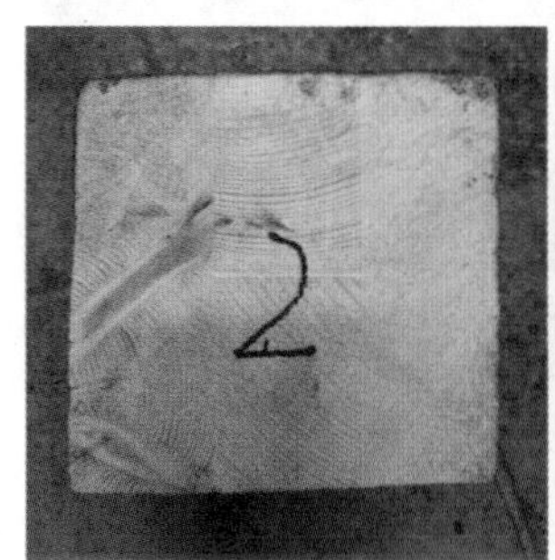

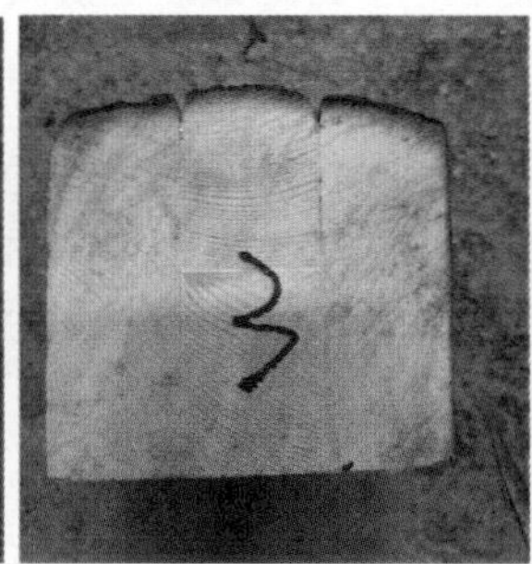

(b)木梁试验样品 CHML-25-2

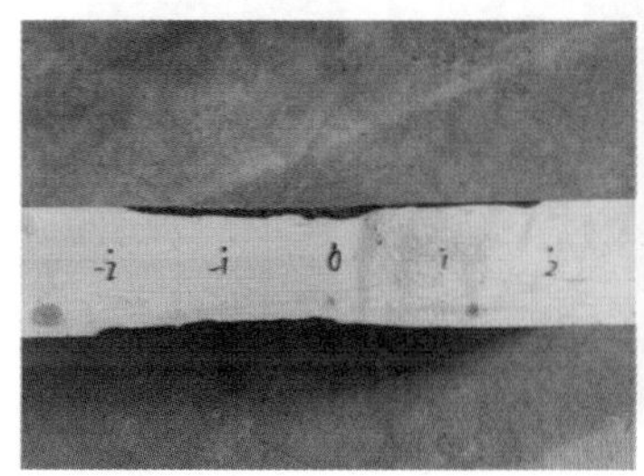

(c)木梁试验样品 CHML-30

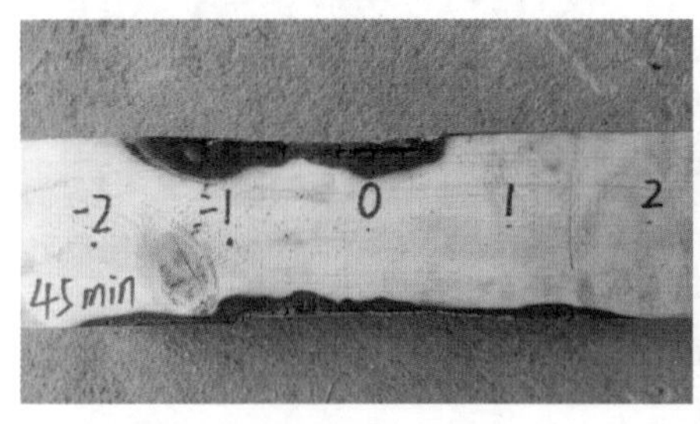

(d)木梁试验样品 CHML-45

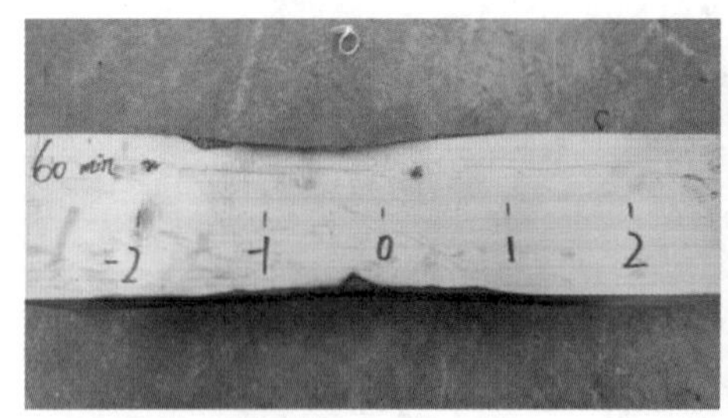

(e)木梁试验样品 CHML-60

图 2.13　木梁试验样品受火后截面炭化情况

由图 2.13 可知,木梁试验样品 CHML-25-1 与木梁试验样品 CHML-45 燃烧时间均为 45 min,因此两试验样品截面炭化程度较为相似;木梁试验样品 CHML-25-2 与木梁试验样品 CHML-30 燃烧时间均为 30 min,因此两试验样品截面炭化程度较为相似;木梁试验样品 CHML-30 截面炭化程度较其他试验样品程度较深。各木梁试验样品受火面、受火侧面炭化程度及炭化速度见表 2.6 ~表 2.10。

表 2.6　木梁试验样品 CHML-25-1 炭化厚度及炭化速率试验结果

试样编号	测点编号	原始厚度/mm	受火面厚度/mm	受火侧面厚度/mm	受火时间/min	受火面炭化速度/($mm \cdot min^{-1}$)	受火侧面炭化速度/($mm \cdot min^{-1}$)
CHML-25-1	1	120	120	120	45	0	0
	2		120	120		0	0
	3		114	117		0.133	0.067
	4		97	111		0.511	0.2
	5		86	90		0.756	0.667
	6		101	114		0.422	0.133
	7		120	120		0	0
	8		120	120		0	0
	9		120	120		0	0

表 2.7　木梁试验样品 CHML-25-2 炭化厚度及炭化速率试验结果

试样编号	测点编号	原始厚度/mm	受火面厚度/mm	受火侧面厚度/mm	受火时间/min	受火面炭化速度/(mm·min⁻¹)	受火侧面炭化速度/(mm·min⁻¹)
CHML-25-2	1	120	120	120	30	0	0
	2		120	120		0	0
	3		107	117		0.433	0.1
	4		100	102		0.667	0.6
	5		96	95		0.8	0.833
	6		106	104		0.467	0.533
	7		120	120		0	0
	8		120	120		0	0
	9		120	120		0	0

表 2.8　木梁试验样品 CHML-30 炭化厚度及炭化速率试验结果

试样编号	测点编号	原始厚度/mm	受火面厚度/mm	受火侧面厚度/mm	受火时间/min	受火面平均炭化速度/(mm·min⁻¹)	受火侧面平均炭化速度/(mm·min⁻¹)
CHML-30	−2	120	113	119	30	0.233	0.033
	−1		102	103		0.6	0.567
	0		97	98		0.767	0.733
	1		101	108		0.633	0.4
	2		110	119		0.333	0.033

表 2.9　木梁试验样品 CHML-45 炭化厚度及炭化速率试验结果

试样编号	测点编号	原始厚度/mm	受火面厚度/mm	受火侧面厚度/mm	受火时间/min	受火面平均炭化速度/(mm·min⁻¹)	受火侧面平均炭化速度/(mm·min⁻¹)
CHML-45	−2	120	110	118	45	0.222	0.044
	−1		96	99		0.533	0.467
	0		88	92		0.711	0.622

续表

试样编号	测点编号	原始厚度/mm	受火面厚度/mm	受火侧面厚度/mm	受火时间/min	受火面平均炭化速度/(mm·min^{-1})	受火侧面平均炭化速度/(mm·min^{-1})
CHML-45	1	120	96	98	45	0.577	0.489
	2		106	119		0.311	0.033

表 2.10　木梁试验样品 CHML-60 炭化厚度及炭化速率试验结果

试样编号	测点编号	原始厚度/mm	受火面厚度/mm	受火侧面厚度/mm	受火时间/min	受火面平均炭化速度/(mm·min^{-1})	受火侧面平均炭化速度/(mm·min^{-1})
CHML-60	-2	120	108	117	60	0.2	0.05
	-1		93	96		0.45	0.4
	0		78	87		0.7	0.55
	1		92	96		0.467	0.4
	2		106	118		0.233	0.033

由表 2.6 与表 2.7 木梁试验样品炭化厚度及炭化速率试验结果可知：

①木梁试验样品测点 4 及测点 5 炭化程度与炭化速度较其他测点较深，离火源中心越远测点炭化程度越低、炭化速度越小，其中测点 1、测点 2、测点 7、测点 8 及测点 9 处未发生明显炭化。

②通过对比木梁试验样品相同测点受火不同时间炭化速度可推论，木梁试验样品在受火过程中，由于试验表面炭化，进一步降低木材内部可燃物热分解和降低木材炭化速度，因此木梁试验样品受火 30 min 炭化速度较受火 45 min 炭化速度大。

由表 2.8—表 2.10，木梁试验样品炭化厚度及炭化速率试验结果可知：

①木梁试验样品在进行 30、45 及 60 min 池火火源燃烧结果分析时，受火时间越长，炭化速率越低，测点-2 受火 30 min 受火面炭化速度为 0.233 mm/min，受火 45 min 受火面炭化速度为 0.222 mm/min，受火 60 min 受火面炭化速度为

0.2 mm/min;测点-1 受火 30 min 受火面炭化速度为 0.6 mm/min,受火 45 min 受火面炭化速度为 0.533 mm/min,受火 60 min 受火面炭化速度为 0.45 mm/min;测点 0 受火 30 min 受火面炭化速度为 0.767 mm/min,受火 45 min 受火面炭化速度为 0.711 mm/min,受火 60 min 受火面炭化速度为 0.07 mm/min;测点 1 受火 30 min 受火面炭化速度为 0.633 mm/min,受火 45 min 受火面炭化速度为 0.577 mm/min,受火 60 min 受火面炭化速度为 0.467 mm/min;测点 2 受火 30 min 受火面炭化速度为 0.333 mm/min,受火 45 min 受火面炭化速度为 0.311 mm/min,受火 60 min 受火面炭化速度为 0.233 mm/min。

②木梁试验样品池火火源燃烧过程中,同一测点受火正面炭化程度较受火侧面炭化程度更大,炭化速率也较大。

③木梁试验样品在 250 mm 池火火源作用下,受火 60 min 后,受火面受火后原木厚度是未受火时原木厚度的 65%,受火侧面受火后原木厚度是未受火时原木厚度占比为 72.5%。

2.3 木楼板火灾试验现象及结果分析

木结构吊脚楼古建筑大多为 2～3 层,楼层之间依靠木楼板构件进行隔断,木楼板火灾性能直接影响吊脚楼古建筑内部火灾蔓延,其耐火性能不仅直接关系到建筑内部火灾能否通过楼层之间进行蔓延,还对人员疏散带来极大影响,因此本节将对木楼板试验样品进行不同油盘尺寸火源作用下不同截面厚度木楼板燃烧情况研究,探究木梁试样在不同受火时间下炭化情况。

2.3.1 试验设计

1)试验概况

本节内容主要进行木楼板试验样品油池火火源受火燃烧温度场变化及炭

化情况分析。本次木楼板试验样品选用木材为松木胶合木,试样分为两组,共计 4 块木楼板。木梁试验样品长度均为 1 600 mm,每一个试样均由 2 根胶合木梁与 1 块胶合木板组成,其中胶合木梁试验样品尺寸均为 120 mm×120 mm×1 600 mm,胶合木板截面尺寸为 1 200 mm×20 mm 与 1 200 mm×25 mm 两种。木楼板试验样品试验火源为 200 mm 油盘池火及 250 mm 油盘池火,以探究受火背面温度变化及各温度测点炭化情况。

木楼板试验样品在本次燃烧试验中主要测量木楼板在 200 mm 油盘池火及 250 mm 油盘池火燃烧过程中受火背面温度变化,以及木楼板试验样品在烧穿后或受火 46 min(含试验停止时间 1 min)后各测点炭化情况。木楼板各试验样品具体参数详见表 2.11。

表 2.11　木楼板试验样品具体参数

组别	试样编号	树种材质	池火油盘直径/mm	木梁试样截面尺寸/(mm×mm)	木板试样截面尺寸/(mm×mm)
木楼板	CHLB-20-1	松木胶合木	200	120×120	1 200×20
	CHLB-25-1				1 200×25
	CHLB-20-2		250		1 200×20
	CHLB-25-2				1 200×25

2)热电偶布置

如图 2.14 所示,为了解木楼板试验样品在燃烧过程中受火背面温度变化情况,木楼板试验样品受火背面均匀布置 9 个温度测量区间为−20 ~ 1 000 ℃的 K 型热电偶,测点 1 布置在试验受火背面中心处,沿试样长、宽方向分别均匀布置 4 个温度测点,各测点距离为 200 mm。对热电偶进行固定时,为降低固定螺丝对 K 型热电偶测温时的影响,采用图钉对 K 型热电偶进行固定。

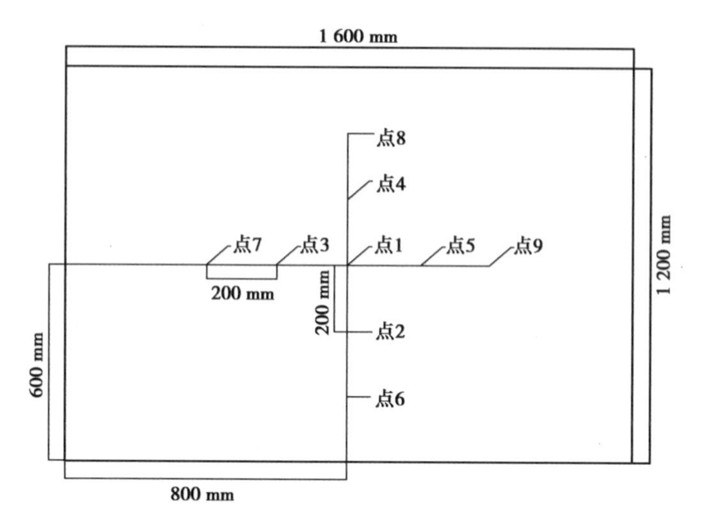

(a)示意图

(b)实物图

图 2.14　木楼板试验样品热电偶布置图

3)试验终止

本次试验主要测量木楼板试验样品在 200 mm 油盘池火及 250 mm 油盘池火火源作用下烧穿时间及各测点炭化情况及试样温度变化,若木楼板试验样品受火 46 min(含试验停止时间 1 min)后仍未被烧穿,停止燃烧试验,取出试样,进行各测点断面炭化情况分析及测点温度记录数据的整理。

2.3.2　木楼板火灾试验现象分析

1) 木楼板 CHLB-20-1 试验样品

木楼板 CHLB-20-1 试验样品在受火后，背火面温度逐渐升高，受火面由于在 200 mm 油盘池火持续加热条件下，木材表面不断发生热解反应，产生大量可燃气体。点火后 90 s 时，可燃气体被池火火焰点燃，木材受火面燃烧加剧，火焰沿着木楼板 CHLB-20-1 试验样品中心线四周蔓延，开始产生少量烟雾；点火后 260 s 时，火焰蔓延至试样边缘，并产生大量浓烟；点火后 2 385 s 时，木楼板 CHLB-20-1 试验样品开始被烧穿，木楼板试样背火面中心出现火焰，试验终止。取出试验后，发现木楼板 CHLB-20-1 试验样品受火面池火火焰中心处已完全炭化烧穿，炭化程度沿火焰中心沿四周逐渐减弱。燃烧情况如图 2.15 所示。

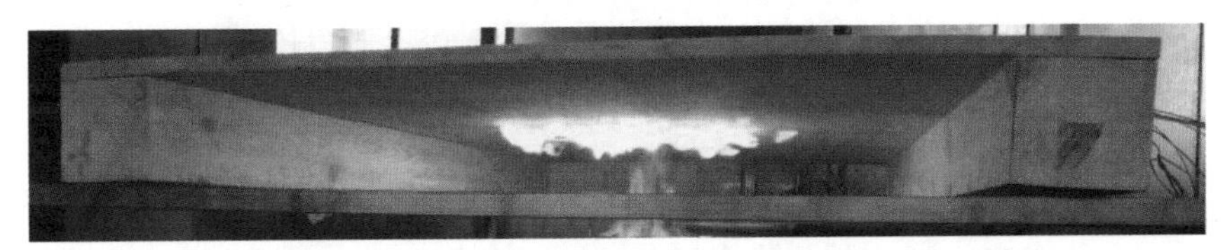

(a) 点火后 90 s 时

(b) 点火后 260 s 时

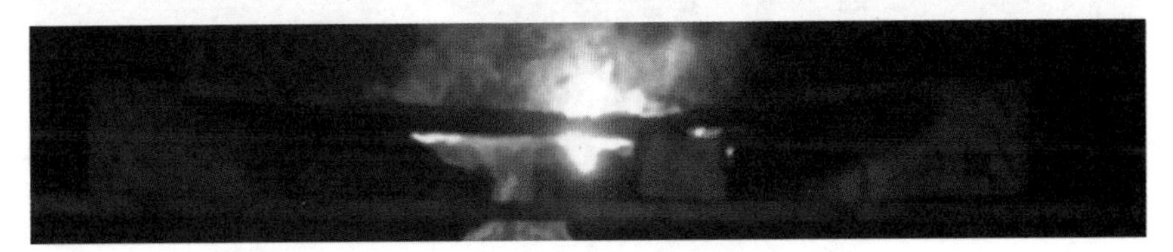

(c) 点火后 2 385 s 时

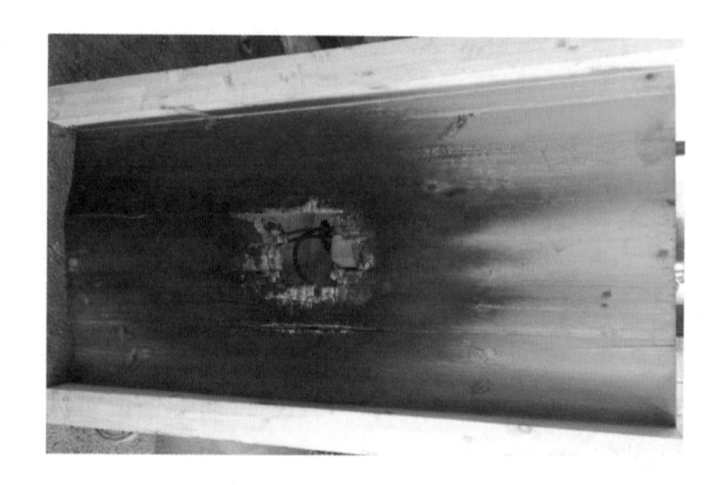

(d)燃烧终止后试样受火面

图 2.15　木楼板 CHLB-20-1 试验样品燃烧情况

2）木楼板 CHLB-25-1 试验样品

木楼板 CHLB-25-1 试验样品在受火后 85 s 时，可燃气体被池火火焰点燃，木材受火面燃烧加剧，火焰沿着试样中心线四周蔓延，伴随少量烟雾；点火后 995 s 时，火焰沿试样边缘迅速蔓延，此时木楼板 CHLB-25-1 试验样品进入充分燃烧阶段，火势较为严重并伴随大量烟雾；点火后 1 350 s 时，由于木材表面发生炭化，有效阻止了木材进一步热解，火势减小；试样在池火持续加热条件下，楼板持续燃烧，但火势较小，点火后 2 700 s 时试验终止。取出试样后，发现木楼板 CHLB-25-1 试验样品受火面大部分炭化，但火焰中心处仍未烧穿，炭化程度沿火焰中心沿四周逐渐减弱。燃烧情况如图 2.16 所示。

(a)点火后 995 s 时

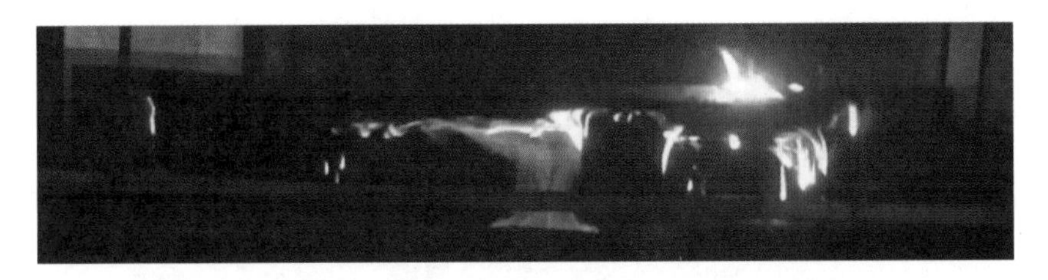

(b)点火后1 350 s时

(c)燃烧终止后试样受火面

图2.16　木楼板CHLB-25-1试验样品燃烧情况

3)木楼板CHLB-20-2试验样品

木楼板CHLB-20-2试验样品在受火后,受火面由于在250 mm油盘池火持续加热条件下,点火后30 s时,木楼板试样受火面被池火火焰点燃;点火后100 s时,火焰蔓延至试样边缘,此时木楼板CHLB-20-2试验样品受火面充分燃烧,火势较为严重;点火后490 s时,试样边缘处开始燃烧,火焰向试样背火面中心缓慢蔓延;点火后750 s时木楼板试样胶合处开始出现裂缝,火焰沿裂缝迅速蔓延至木楼板试样背火面,背火面迅速燃烧,试验终止。取出试样后,发现木楼板CHLB-20-2试验样品大部分炭化,火焰中心处被烧穿,楼板胶合处已出现断裂。燃烧情况如图2.17所示。

(a)点火后30 s时

(b)点火后 100 s 时

(c)点火后 750 s 时

(d)燃烧终止后试样受火面

图 2.17　木楼板 CHLB-20-2 试验样品燃烧情况

4)CHLB-25-2 试样

木楼板 CHLB-25-2 试验样品在受火后,受火面由于在 250 mm 油盘池火持续加热条件下,点火后 35 s 时,楼板受火面被池火火焰点燃;点火后 395 s 时,火焰沿木梁蔓延至试样边缘,此时木楼板受火面充分燃烧,火势较为严重;点火后 580 s 时,火势减弱;点火后 1 210 s 时,试样木梁处开始复燃,但火势较之前较小,点火后 2 700 s 时试验终止。取出试样后,发现试样大部分炭化,但火焰中心处并未烧穿,楼板出现裂痕但胶合处未出现断裂。燃烧情况如图 2.18 所示。

(a)点火后 35 s 时

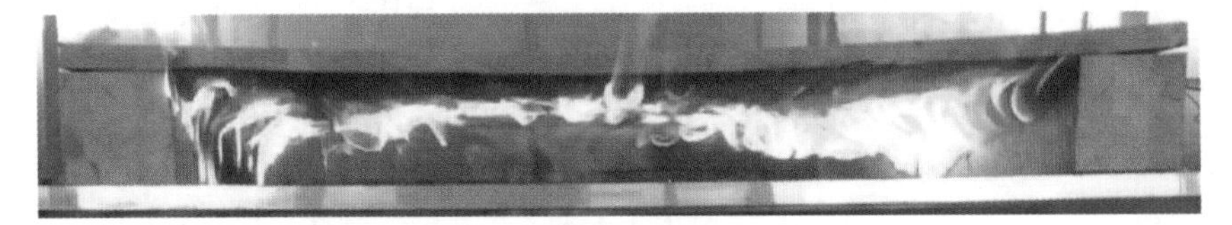

(b)点火 395 s 时

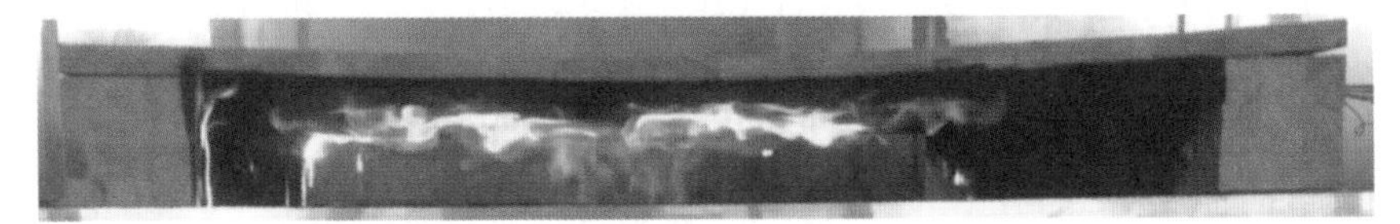

(c)点火 580 s 时

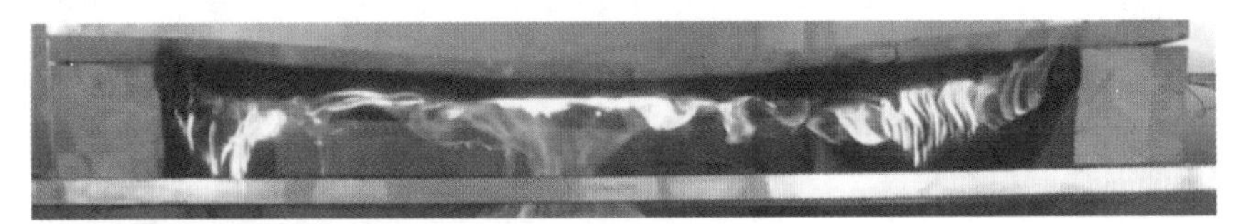

(d)点火 1 210 s 时

(e)燃烧终止后试样受火面

图 2.18　木楼板 CHLB-25-2 试验样品燃烧情况

2.3.3 试验结果分析

1）木楼板试验样品温度场变化分析

为有效、充分记录木楼板试验样品池火燃烧过程中受火背面温度变化及受火侧面温度变化数据，木梁试验样品池火燃烧试验过程中 K 型热电偶每 10 s 采集一次温度数据，木楼板试验样品 CHLB-20-1 温度采集时间为 2 400 s，木楼板试验样品 CHLB-25-1 温度采集时间为 2 700 s，木楼板试验样品 CHLB-20-2 温度采集时间为 1 080 s，木楼板试验样品 CHLB-25-2 温度采集时间为 2 700 s。木楼板各试验样品试验过程中具体温度变化如图 2.19 所示。

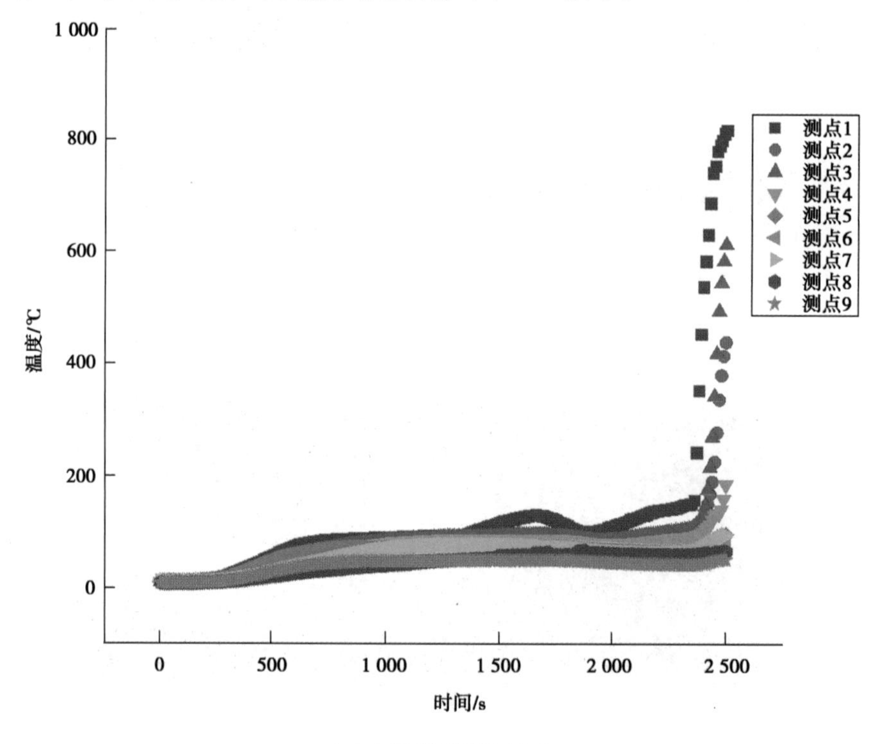

（a）木楼板 CHLB-20-1

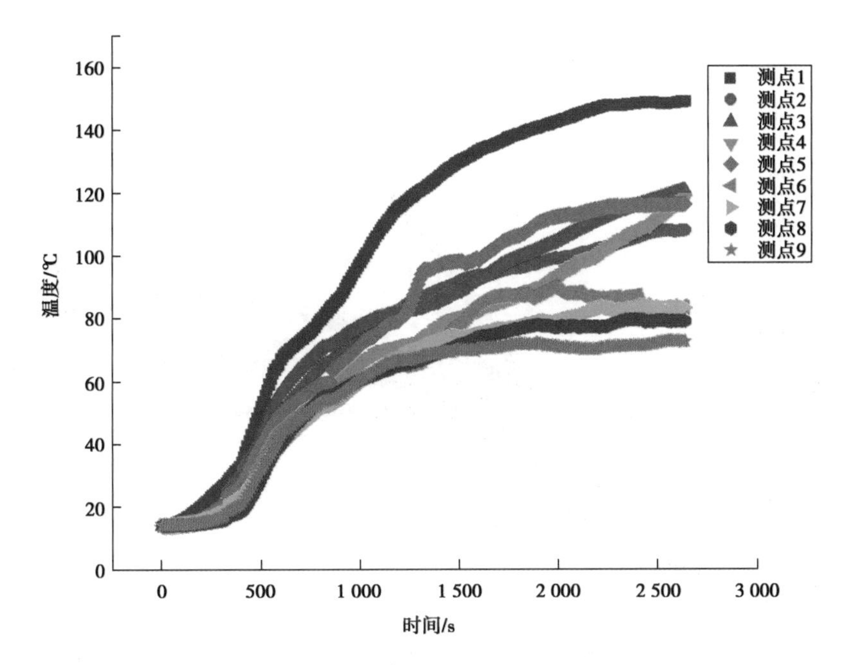

(b)木楼板 CHLB-25-1

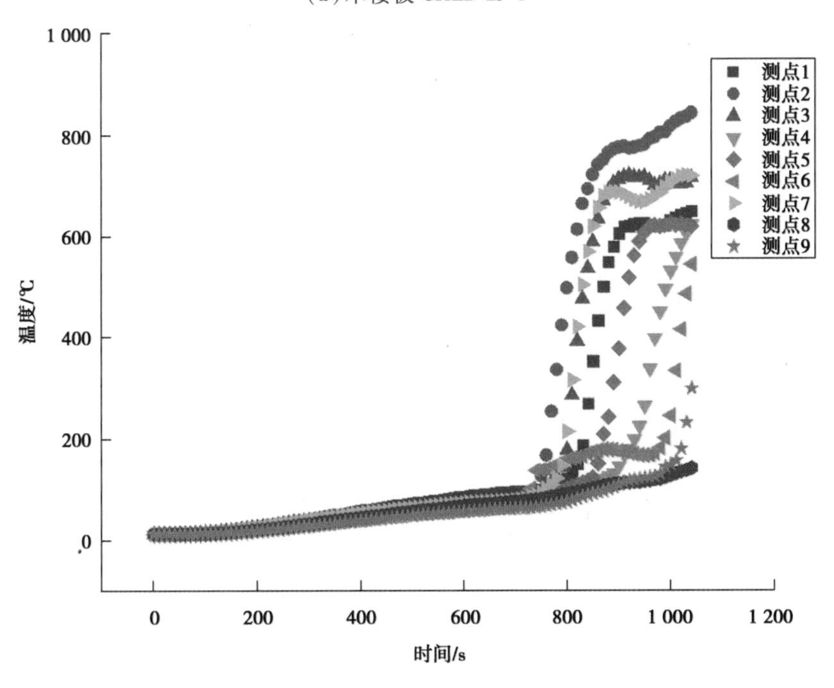

(c)木楼板 CHLB-20-2

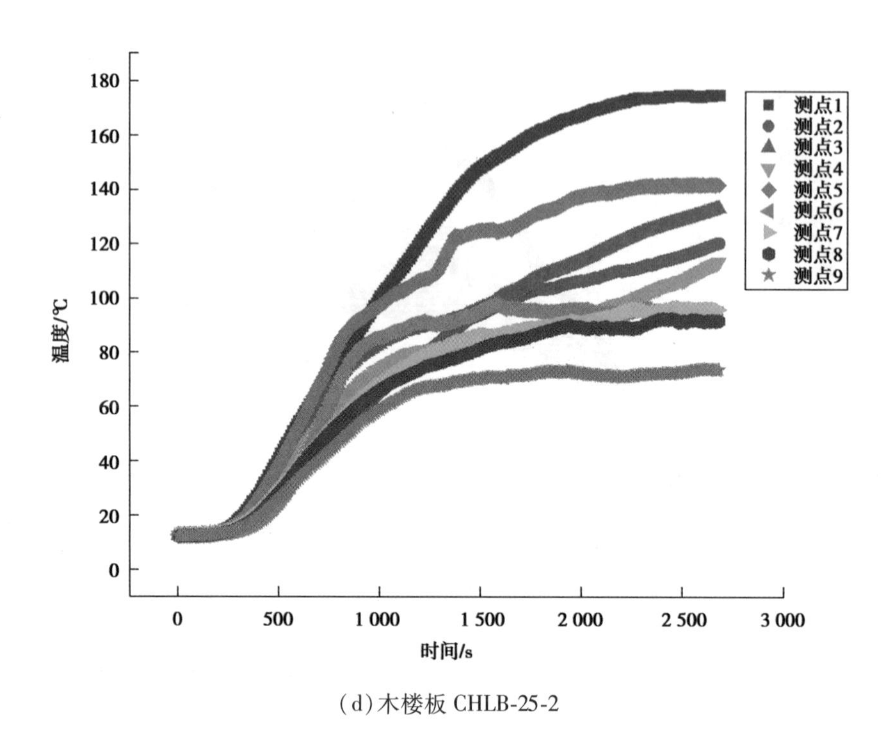

(d)木楼板 CHLB-25-2

图 2.19　木楼板试验样品背火面温度变化情况

根据图 2.19 木楼板试验样品背火面温度变化情况可知:

①木楼板试样背火面温度随着试样受火时间增加而升高,越靠近火焰中心处,升温速率越快。

②截面厚度为 20 mm 的试样在不同尺寸油盘持续燃烧加热条件下均被烧穿,在 200 mm 油盘燃烧中,试样在受火 2 385 s(即 39 min45 s)时,火焰中心点温度迅速升高,超过 800 ℃,测点 3、测点 2 及测点 4 温度迅速升高,表明试样中心处被烧穿;在 250 mm 油盘燃烧中,试样在受火 750 s(即 12 min30 s)后出现裂痕,测点 2 处温度迅速超过 800 ℃,测点 3、测点 7、测点 1、测点 5 及测点 4 温度升高后均突破 600 ℃,表明试样背面大面积燃烧而非火焰中心烧穿,与实验现象中出现裂缝后大面积燃烧相一致。

③截面厚度为 25 mm 的木楼板在不同尺寸油盘持续燃烧条件下,背面温度

均未超过 200 ℃，且升温速率在 1 000 s 后均出现下降，直至 45 min 试验结束时，试样均未被烧穿或出现裂缝。

④截面厚度相同的试样在不同尺寸油盘燃烧过程中，油盘尺寸越大，升温越快。

2）木楼板试验样品炭化情况分析

在木楼板试验样品池火燃烧试验中，木楼板试验样品 CHLB-20-1、木楼板试验样品 CHLB-25-1、木楼板试验样品 CHLB-20-2 与木楼板试验样品 CHLB-25-2，既进行温度变化分析又进行炭化情况分析。木楼板试验样品燃烧试验结束后截面炭化情况如图 2.20 所示。

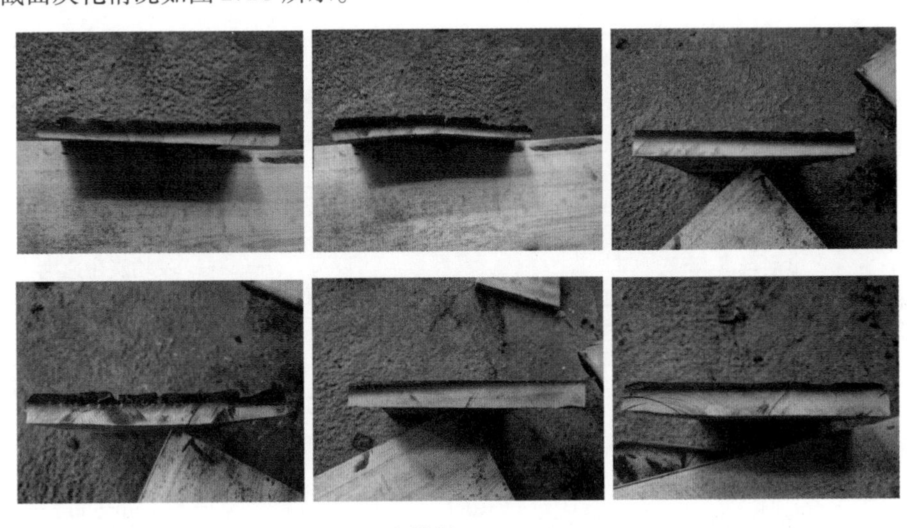

（a）木楼板 CHLB-25-1

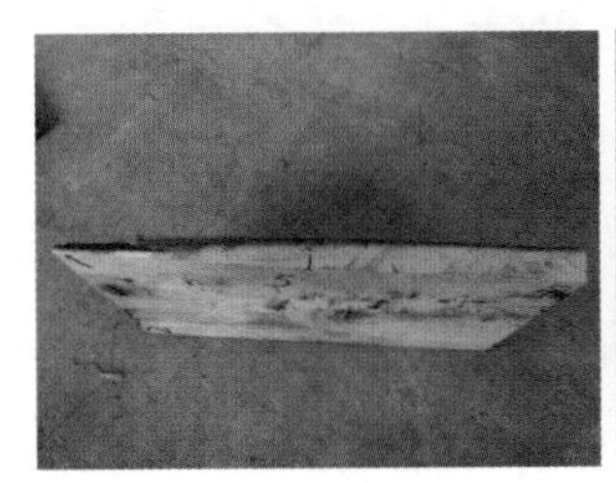

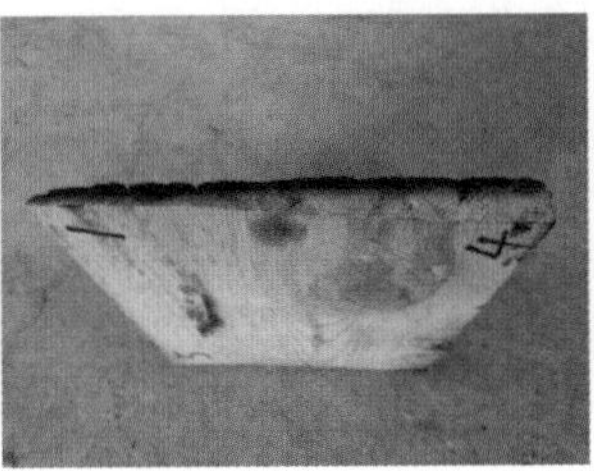

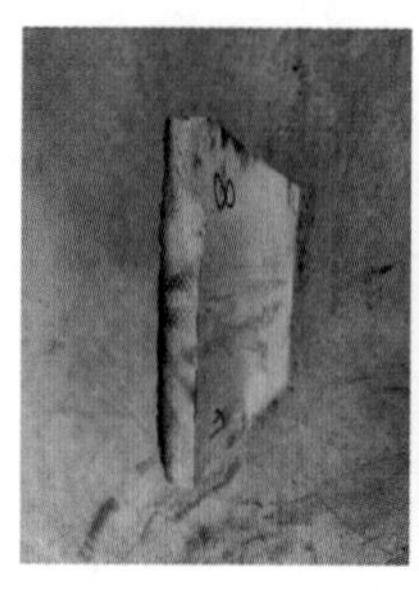
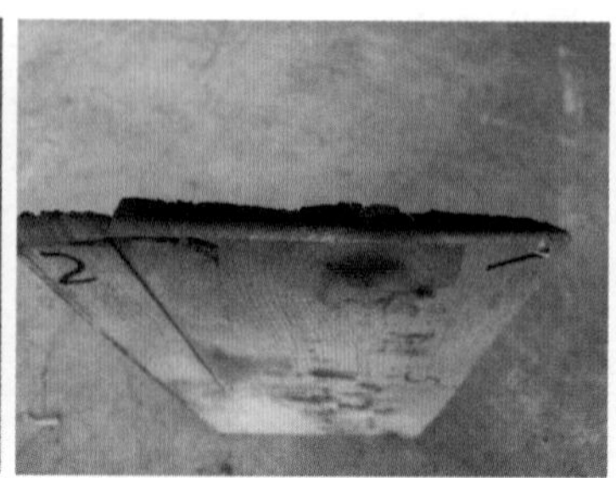

(b)木楼板 CHLB-25-2

图 2.20　木楼板试验样品各测点炭化情况

为了解试样在燃烧过程中各测点处木材炭化厚度及平均炭化速率，试验结束后取出试样，对木楼板试验样品进行切割，以测量木楼板试验样品各测点处炭化程度及炭化规律情况，木结构楼板试样在单面受火过程中炭化厚度及炭化速率见表 2.12—表 2.15。

表 2.12　木楼板试验样品 CHLB-20-1 炭化厚度及炭化速率试验结果

试样编号	测点编号	原始厚度/mm	受火后厚度/mm	受火时间/min	平均炭化速度/(mm · min^{-1})
CHLB-20-1	1	20	0	40	≥0.500
	2		0		≥0.500
	3		0		≥0.500
	4		0		≥0.500
	5		4		0.400
	6		17		0.075
	7		16		0.100
	8		18		0.050
	9		20		0

表 2.13　木楼板试验样品 CHLB-25-1 炭化厚度及炭化速率试验结果

试样编号	测点编号	原始厚度/mm	受火后厚度/mm	受火时间/min	平均炭化速度/(mm·min^{-1})
CHLB-25-1	1	25	6	46	0.413
	2		13		0.261
	3		13		0.261
	4		16		0.196
	5		14		0.239
	6		21		0.087
	7		23		0.043
	8		22		0.065
	9		25		0

表 2.14　木楼板试验样品 CHLB-20-2 炭化厚度及炭化速率试验结果

试样编号	测点编号	原始厚度/mm	受火后厚度/mm	受火时间/min	平均炭化速度/(mm·min^{-1})
CHLB-20-2	1	20	0	13	≥1.538
	2		0		≥1.538
	3		0		≥1.538
	4		0		≥1.538
	5		0		≥1.538
	6		7		1.000
	7		0		≥1.538
	8		9		0.846
	9		11		0.692

表 2.15 木楼板试验样品 CHLB-25-2 炭化厚度及炭化速率试验结果

试样编号	测点编号	原始厚度/mm	受火后厚度/mm	受火时间/min	平均炭化速度/($mm \cdot min^{-1}$)
CHLB-25-2	1	25	4	46	0.457
	2		11		0.283
	3		12		0.261
	4		15		0.217
	5		12		0.261
	6		15		0.217
	7		16		0.196
	8		19		0.130
	9		25		0

由表 2.12—表 2.15 木楼板试验样品炭化厚度及炭化速率试验结果可知:

①木楼板试样在油盘池火持续加热燃烧过程中,越靠近火焰中心处,炭化速率越快。

②在油盘尺寸相同情况下,试样截面厚度约小,炭化速度越快。木楼板试验样品 CHLB-20-1 在 200 mm 油盘池火火源作用下 40 min 时被烧穿,各测点最大炭化速率不低于 0.500 mm/min,木楼板试验样品 CHLB-25-1 在 200 mm 池火火源作用下 46 min 仍未被烧穿,各测点最大炭化速率为 0.413 mm/min;木楼板试验样品 CHLB-20-2 在 250 mm 油盘池火火源作用下 13 min 时被烧穿,各测点最大炭化速率不低于 1.538 mm/min,木楼板试验样品 CHLB-25-2 在 250 mm 池火火源作用下 46 min 仍未被烧穿,各测点最大炭化速率为 0.457 mm/min。

③截面厚度相同的试样在不同尺寸油盘持续加热燃烧过程中,油盘尺寸越大,炭化速度越快。木楼板试验样品 CHLB-20-1 在 200 mm 油盘池火火源作用下最大炭化速率为 0.500 mm/min,小于木楼板试验样品 CHLB-20-2 在 250 mm 油盘池火火源作用下的最大炭化速率 1.538 mm/min;木楼板试验样品 CHLB-

25-1 在 200 mm 油盘池火火源作用下最大炭化速率为 0.413 mm/min，小于木楼板试验样品 CHLB-25-2 在 250 mm 油盘池火火源作用下的最大炭化速率 0.457 mm/min。

④木楼板试验样品 CHLB-20-2 炭化平均速度最快，火源中心上方达到 1.538 mm/min，火源越大，木楼板试验样品碳化速度越快，木楼板试验样品 CHLB-25-1 炭化平均速度最忙，火源中心上方仅为 0.413 mm/min（由于测点位置越靠近试验样品边缘，火源热辐射越低，故只比较火源中心上方测点处试验样品碳化速度）。

⑤相较截面厚度为 20 mm 的构件，截面厚度为 25 mm 的构件耐火性能大幅提高。

2.4　隔墙木板火灾试验现象及结果分析

作为装配式构件，隔墙木板不仅在木结构吊脚楼古建筑中充当房间隔断构件，在一定程度上还能阻止火焰在建筑房间之间传播。其耐火性能直接影响火灾能否在吊脚楼古建筑内部蔓延，探究不同厚度隔墙木板试验样品耐火性能，对新建改建吊脚楼建筑具有科学指导意义。本节将对隔墙木板试验样品进行 150 mm 油池火作用下耐火性能试验研究，探究隔墙木板试验样品耐火性能及炭化情况。

2.4.1　试验设计

1）试验概况

本节内容主要进行隔墙木板试验样品油池火火源受火燃烧温度场变化及炭化情况分析。本次隔墙木板试验样品选用木材为松木胶合木，共计 2 块木楼板。隔墙木板试验样品为长宽均为 500 mm 的正方形试样，隔墙木板试验样品具体尺寸均为 500 mm×500 mm×20 mm 及 500 mm×500 mm×25 mm。为有效记录隔墙木板试验样品燃烧试验过程中温度变化及炭化规律，试验火源选用 150 mm 油盘池火，以防止火源太大不利于试验现象记录观察。

隔墙木板楼板试验样品在本次燃烧试验中主要测量木隔墙木板在 150 mm 油盘池火作用燃烧过程中受火背面温度变化，以及隔墙木板试验样品在烧穿时各测点炭化情况。隔墙木板各试验样品具体参数详见表 2.16。

表 2.16　池火隔墙木板试验样品具体参数

组别	试样编号	树种材质	池火油盘直径/mm	隔墙木板试样截面尺寸/(mm×mm×mm)
隔墙木板	CHMB-20	松木胶合木	150	500×500×20
	CHMB-25			500×500×25

2）热电偶布置

为了解隔墙木板试验样品在池火作用下燃烧过程中受火背面温度变化情况，隔墙木板试验样品受火背面均匀布置 9 个温度测量区间为-20～1 000 ℃的 K 型热电偶，测点 1 布置在试验受火背面中心处，沿试样长、宽方向分别均匀布置 4 个温度测点，各个测点距离为 100 mm，测点布置如图 2.21 所示。热电偶固定方法见木梁试样及木楼板试验样品热电偶布置方法。

3）试验终止

本次试验主要测量隔墙木板试验样品在 150 mm 油盘池火火源作用下烧穿时间及各测点炭化情况及试样温度变化，停止燃烧试验，取出试样，进行各测点断面炭化情况分析及测点温度记录数据整理。

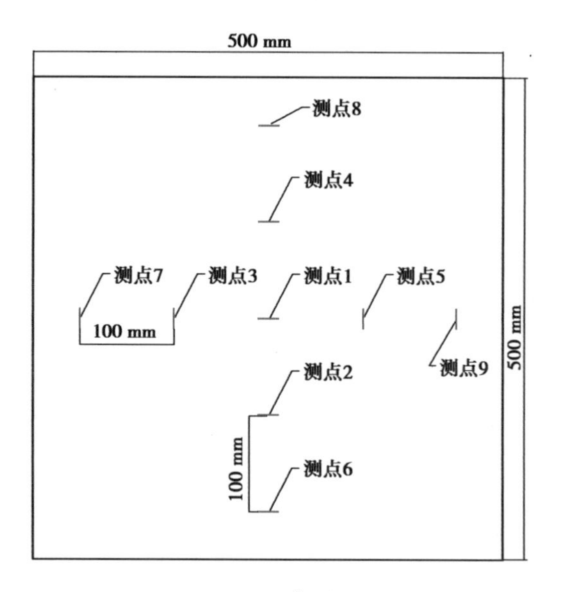

(a)示意图

(b)实物图

图2.21　隔墙木板试验样品热电偶布置图

2.4.2　隔墙木板火灾试验现象分析

用于池火试验研究的隔墙木板试样由于尺寸为500 mm×500 mm×20 mm 和500 mm×500 mm×25 mm,火源较大时,试样燃烧过于剧烈,无法有效记录及观察隔墙木板试验样品燃烧时的燃烧规律,因此隔墙木板试验的火源选择 150 mm 油盘池火。如图 2.22 所示,隔墙木板试验样品 CHMB-20 在油盘池火火源加热燃烧条件下,试样受火面热分解产生可燃性挥发物质,大约受火 270 s 时,木材受火面开始出现火焰,并迅速燃烧蔓延至试样边缘。随着受火面进一步炭化,热分解速率降低,受火面火焰逐渐减小,受火 365 s 时,试样受火面火焰熄灭。在池火火源持续加热条件下,试样受火 735 s 时,试样受火面复燃,但火焰持续时间较短,大约复燃 180 s 后,火焰逐渐熄灭,试样阴燃直至试验结束。如图 2.23 所示,隔墙木板试验样品 CHMB-25 在 150 mm 油盘池火火源条件下,受火面产生火焰时间与隔墙木板试验样品 CHMB-20 较为接近,火焰持续时间较短,阴燃 1 530 s 后才出现复燃现象。复燃产生火焰持续 240 s 后,火焰再次熄灭,试样阴燃直至试验结束。池火燃烧终止后受火面燃烧情况如图 2.24 所示。

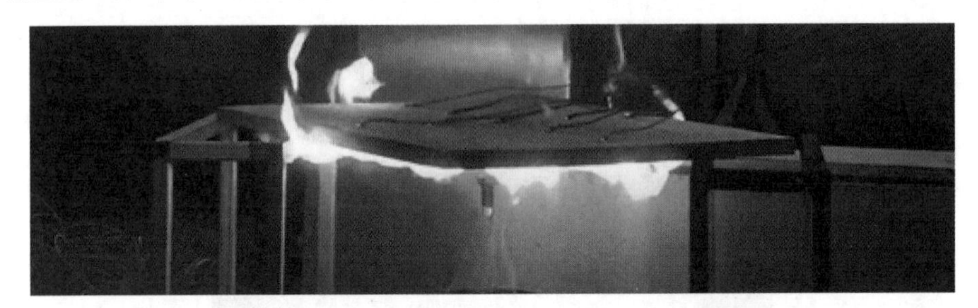

(a)点火后 270 s 时

(b)点火后 365 s 时

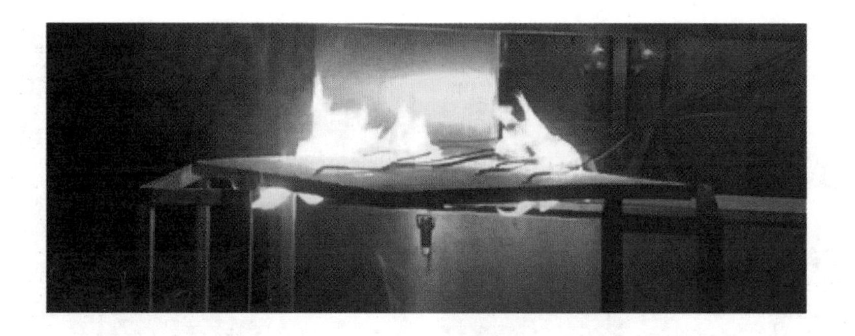

(c)点火后 735 s 时

图 2.22 隔墙木板试验样品 CHMB-20 燃烧情况

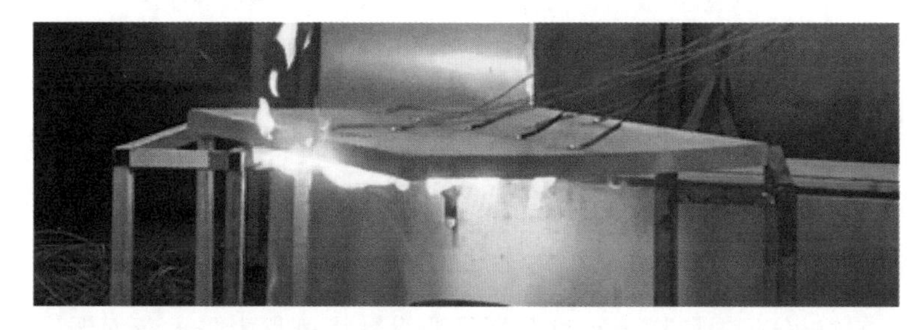

(a)点火后 295 s 时

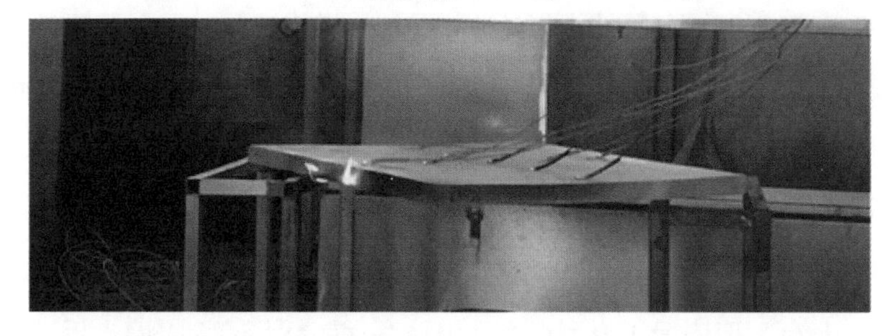

(b)点火后 390 s 时

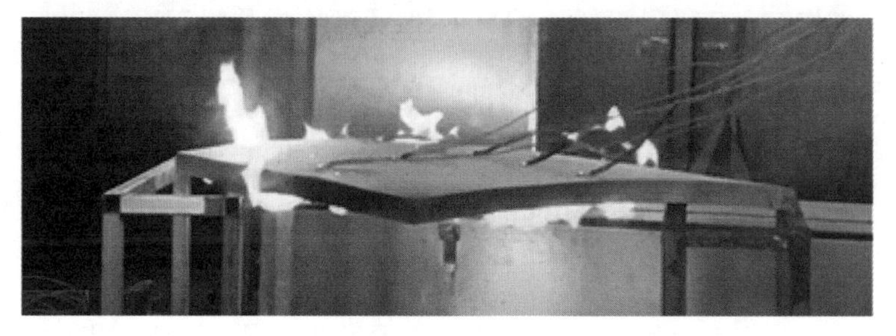

(c)点火后 1 930 s 时

图 2.23 隔墙木板试验样品 CHMB-25 燃烧情况

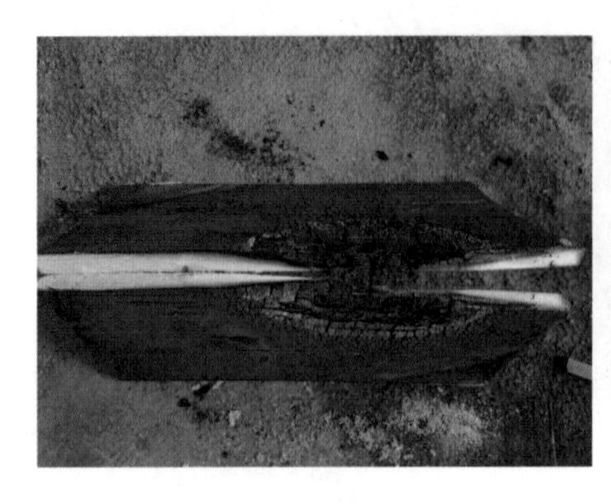

(a) CHMB-20

(b) CHMB-25

图 2.24 隔墙木板试验样品油盘池火燃烧终止后受火面燃烧情况

2.4.3 试验结果分析

1) 隔墙木板试验样品温度场变化分析

为有效、充分记录隔墙木板试验样品池火燃烧过程中受火背面温度变化及受火侧面温度变化数据，隔墙木板试验样品池火燃烧试验过程中 K 型热电偶每 5 s 采集一次温度数据。隔墙木板各试验样品试验过程中具体温度变化如图 2.25 所示。

根据图 2.25 隔墙木板试验样品池火燃烧背火面温度变化情况可知：

①隔墙木板试验样品 CHMB-20 在 150 mm 池火作用下 2 810 s 时，测点 5 温度快速升高，此时隔墙木板测点 5 处被烧穿，结合图 2.24 隔墙木板试验样品油盘池火燃烧终止后受火面燃烧情况可知，火源在燃烧过程中，受火面炭化程度最严重的处位于测点 1 与测点 5 之间，因此测点 1 温度变化与测点 5 较为相似，且温度差值较小。

②隔墙木板试验样品 CHMB-20 各测点温度在 1 000 s 后趋于稳定，根据试验现象，约 900 s 后，试验受火面火焰熄灭，150 mm 油盘池火火源火势较小，除位于火源上方测点 1 及测点 5 外，其他测点温度几乎保持不变。测点 1 及测点 5 在池火火源作用下，继续缓慢燃烧。

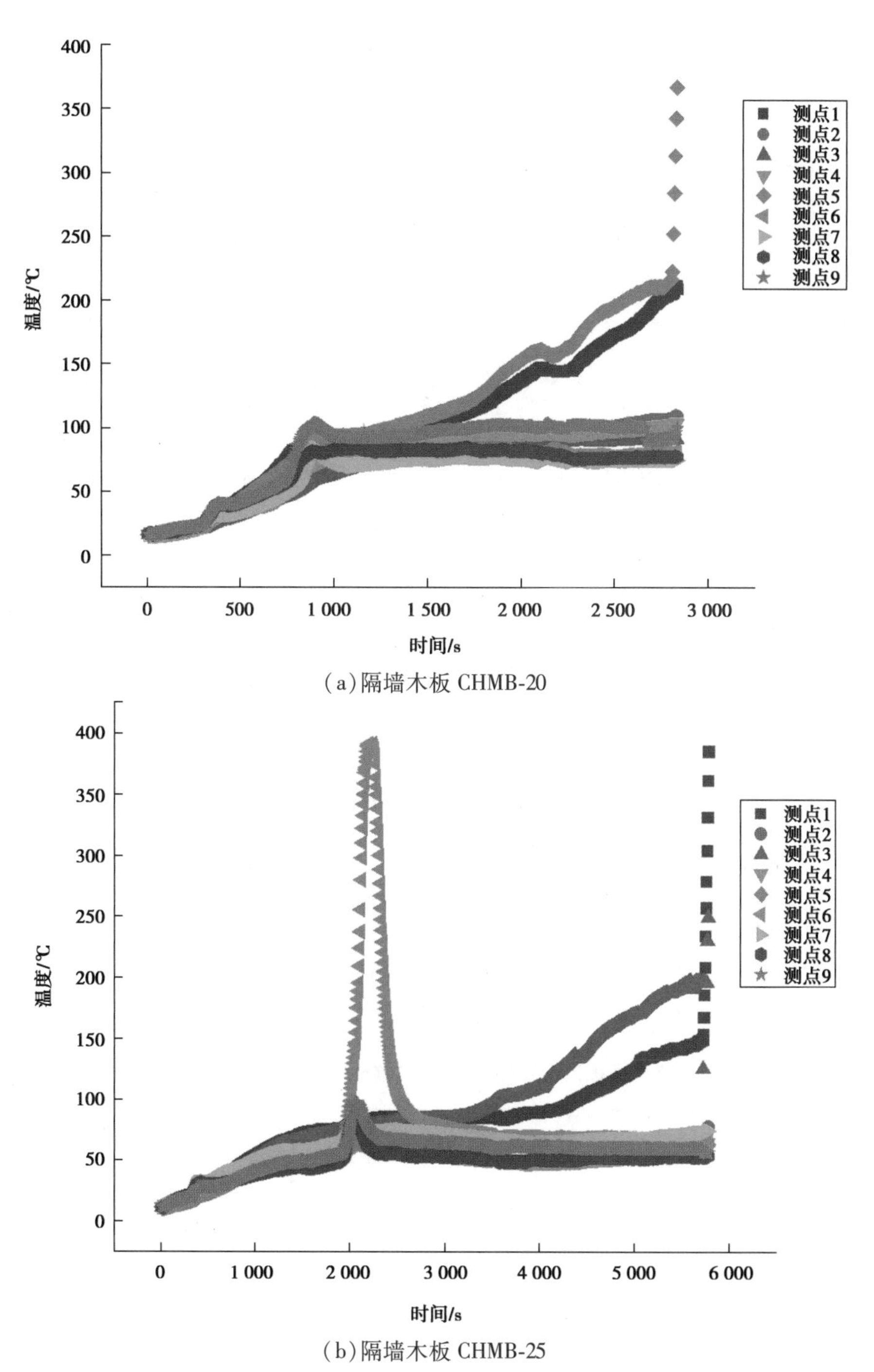

(a)隔墙木板 CHMB-20

(b)隔墙木板 CHMB-25

图2.25　隔墙木板试验样品池火燃烧背火面温度变化情况

③隔墙木板试验样品 CHMB-25 测点 6 温度在 2 000 s 时，出现快速增长，此时其他各测点处温度均略有升高，结合图 2.23 隔墙木板试验样品 CHMB-25 燃烧情况可知，此时隔墙木板试验样品燃烧剧烈，火焰蔓延至试样受火背面。测点 6 热电偶受火焰热辐射作用，温度快速升高，后因火焰逐渐熄灭，测点 6 温度急剧下降。

④隔墙木板试验样品 CHMB-25 测点 1 在受火 5 750 s 时，温度迅速升高，此时测点 1 处被烧穿。试样受火 5 775 s 时，测点 3 温度迅速升高，此时测点 1 与测点 3 之间试样被烧穿。

⑤在相同火源作用下，隔墙木板试验样品 CHMB-20 受火后 2 810 s 被烧穿，隔墙木板试验样品 CHMB-25 受火后 5 750 s。截面厚度为 25 mm 试样较截面厚度为 20 mm 试样耐火时间大幅提高，因此在新建、改建木结构建筑时，适当增加构件截面厚度，能大幅提高构件耐火性能。

根据隔墙木板试验样品温度记录及燃烧现象记录，隔墙木板试验样品在池火火源作用下，热分解产生的大量可燃性挥发物被火源点燃时，火势较大，在木建筑发生火灾时，极易发生火灾轰然现象，对火灾救援及人员疏散带来巨大困难。

2）隔墙木板试验样品炭化情况分析

在隔墙木板试验样品池火燃烧试验中，为了解试样在燃烧过程中各测点处木材炭化厚度及平均炭化速率，试验结束后取出试样，隔墙木板试验样品在单面受火过程中炭化厚度及炭化速率见表 2.17 和表 2.18。

表 2.17　隔墙木板试验样品 CHMB-20 炭化厚度及炭化速率试验结果

试样编号	测点编号	原始厚度/mm	受火后厚度/mm	受火时间/min	平均炭化速度/(mm · min^{-1})
CHMB-20	1	20	0	46	0.435
	2		3		0.37
	3		12		0.174
	4		4		0.348

续表

试样编号	测点编号	原始厚度/mm	受火后厚度/mm	受火时间/min	平均炭化速度/(mm·min^{-1})
CHMB-20	5	20	0	46	≥0.435
	6		15		0.109
	7		19		0.022
	8		16		0.087
	9		14		0.13

表2.18　隔墙木板试验样品CHMB-25炭化厚度及炭化速率试验结果

试样编号	测点编号	原始厚度/mm	受火后厚度/mm	受火时间/min	平均炭化速度/(mm·min^{-1})
CHMB-25	1	25	0	95	0.263
	2		10		0.158
	3		0		≥0.263
	4		6		0.2
	5		19		0.063
	6		19		0.063
	7		18		0.074
	8		20		0.053
	9		23		0.021

由表2.17和表2.18隔墙木板试验样品炭化厚度及炭化速率试验结果表可知：

①不同截面厚度隔墙木板试验样品在相同池火火源条件下，截面厚度小的试验样品炭化速度大于截面厚度大的试验样品。CHMB-20试样各测点平均炭化速度最大值为0.435 mm/min，CHMB-25试样各测点平均炭化速度最大值为

0.263 mm/min，CHMB-25 试样平均碳化速度仅为 CHMB-20 试样平均速度的 60%。

②隔墙木板试验样品 CHMB-25 烧穿时间为 95 min，隔墙木板试验样品 CHMB-20 烧穿时间为 46 min，CHMB-25 试样截面厚度较 CHMB-20 试样截面厚度增加 5 mm，增加厚度占比为 25%，但耐火时间提高，适当增加建筑构件尺寸有利于提高建筑耐火性能。

2.5 小火源下燃烧试验现象及结果分析

2.2 节～2.4 节中已开展了油池火源作用下木梁、木楼板及隔墙木板试验样品火灾性能试验研究，本节将运用甲烷本生灯小火源探究隔墙木板试验样品在小火源作用下的耐火性能及燃烧过程中受火背面温度变化情况。

2.5.1 试验设计

1）试验概况

本节内容主要进行隔墙木板试验样品甲烷本生灯小火源受火燃烧温度场变化及炭化情况分析，燃料为甲烷，燃烧器为本生灯。本次隔墙木板试验样品选用木材为松木胶合木，共计 3 块木楼板。隔墙木板试验样品具体尺寸为 500 mm×500 mm×15 mm、500 mm×500 mm×20 mm 及 500 mm×500 mm×25 mm。

甲烷本生灯火源作用下各隔墙木板试验样品具体参数详见表 2.19。

表 2.19 甲烷本生灯隔墙木板试验样品具体参数

组别	试样编号	树种材质	火源	隔墙木板试样截面尺寸/(mm×mm×mm)
隔墙木板	BSD-15	松木胶合木	甲烷本生灯	500×500×15
	BSD-20			500×500×20
	BSD-25			500×500×25

2）热电偶布置

甲烷本生灯作用下隔墙木板试验样品热电偶布置与池火作用下隔墙木板热电偶布置一致，如图 2.21 所示。

2.5.2　小火源下燃烧火灾试验现象分析

如图 2.26 所示，隔墙木板在甲烷本生灯作用下燃烧时，由于甲烷本生灯火焰温度较高，隔墙木板试验样品剧烈燃烧。甲烷本生灯作用下，试样燃烧时，火焰向四周扩散，试验过程中，火焰上部燃烧较为严重，火焰中心形成一个燃烧区。在甲烷本生灯火源作用下，试样持续燃烧，直至试样中心被烧穿。

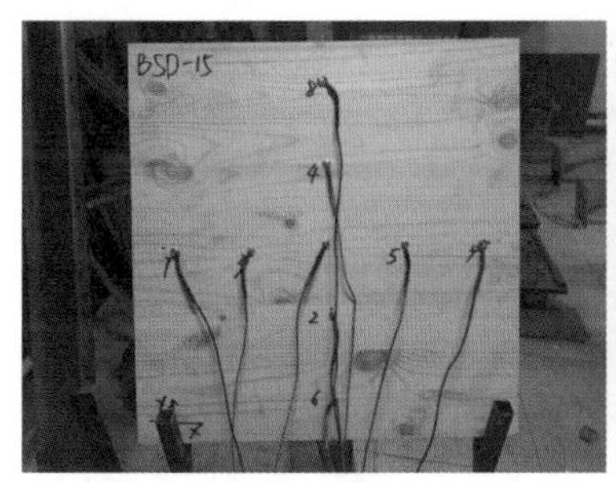

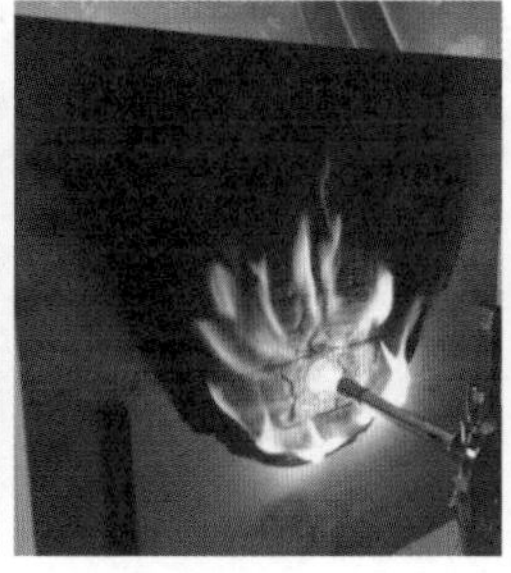

（a）试样 BSD-15

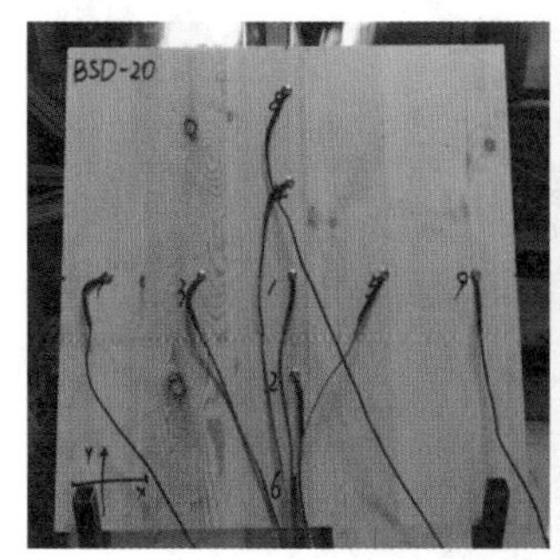

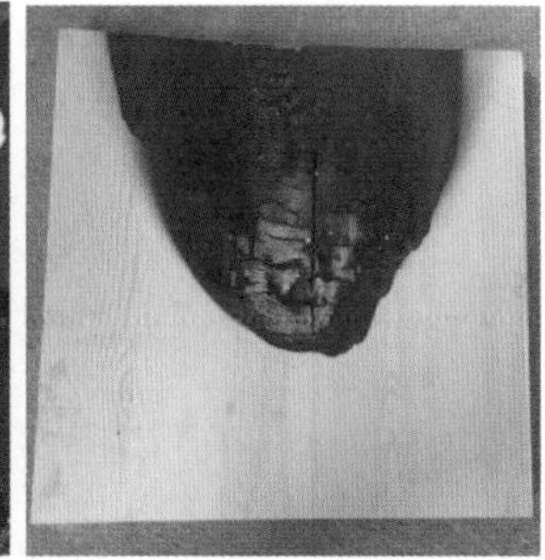

（b）试样 BSD-20

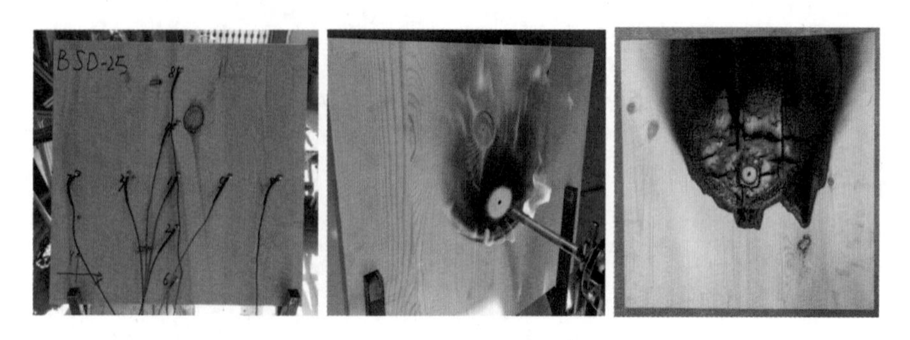

(c)试样 BSD-25

图 2.26　隔墙木板试验样品甲烷本生灯火源燃烧情况

2.5.3　试验结果分析

1)隔墙木板试验样品温度场变化分析

隔墙木板试验样品甲烷本生灯火源燃烧试验过程中 K 型热电偶每 5 s 采集一次温度数据。隔墙木板各试验样品试验过程中具体温度变化如图 2.27 所示。

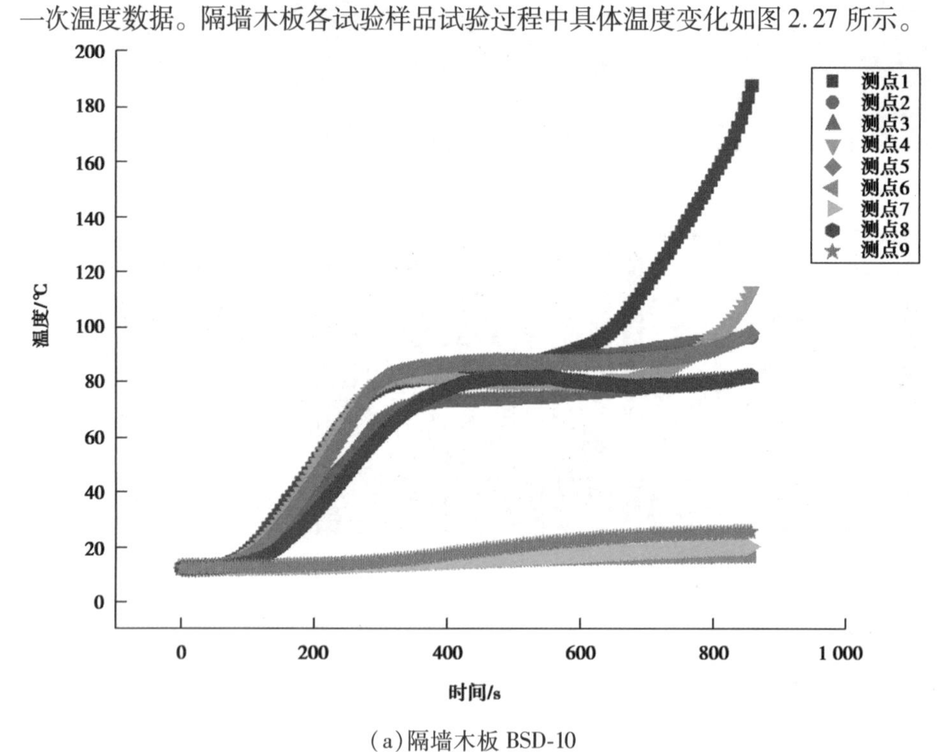

(a)隔墙木板 BSD-10

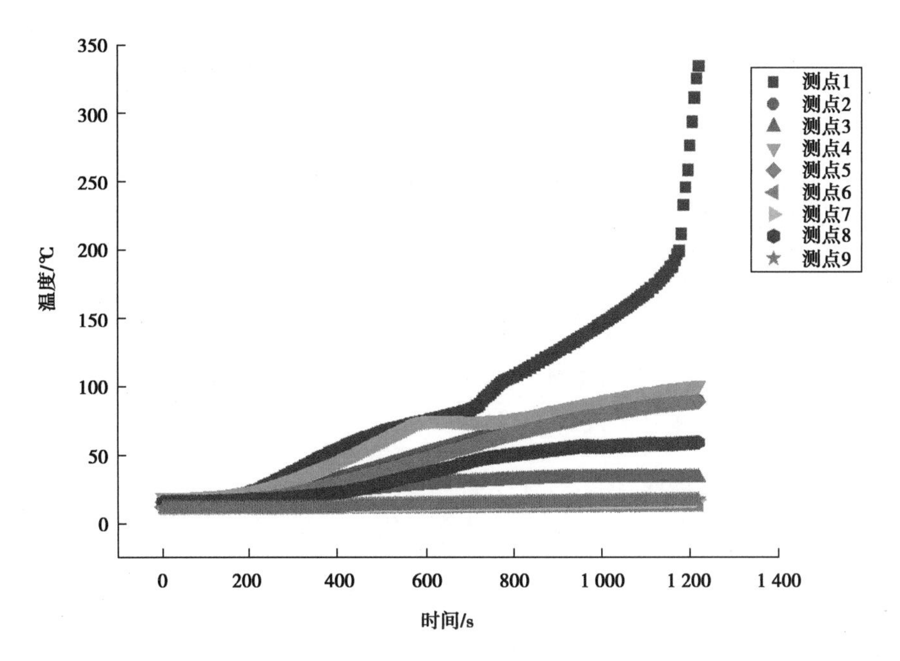

(b)隔墙木板 BSD-20

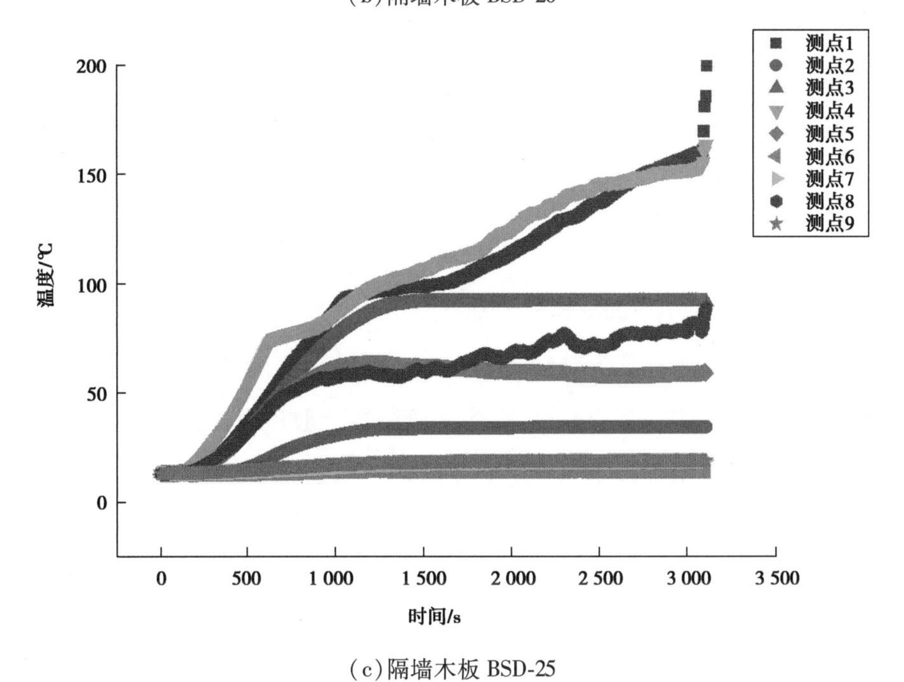

(c)隔墙木板 BSD-25

图 2.27　隔墙木板试验样品甲烷本生灯燃烧背火面温度变化情况

根据图 2. 27 隔墙木板试验样品甲烷本生灯燃烧背火面温度变化情况可知：

①隔墙木板试验样品 BSD-15 在甲烷本生灯作用下 650 s 时，测点 1 温度快速升高，受火后 730 s 时隔墙木板测点 1 处被烧穿，结合图 2. 26 隔墙木板试验样品甲烷本生灯燃烧过程，试样受火面较小，处于试样边缘处测点 6 ~ 测点 9 温度始终较低，燃烧刚开始时测点 1 ~ 测点 5 温度快速升高，约 300 s 时，测点 2 ~ 测点 5 升温速率降低，测点 1 处于本生灯火焰中心，温度持续升高，直至测点 1 处出现烧穿现象。

②隔墙木板试验样品 BSD-20 受火后 1 185 s 时测点 1 温度迅速升高，测点 1 处被烧穿，较试样 BSD-15，烧穿时间提高了 455 s(7 min 35 s)。

③隔墙木板试验样品 BSD-25 燃烧过程中，测点 1 及测点 4 温度升高较快，受火后 3 110 s 时两测点温度开始迅速升高，此时试样被烧穿。较试样 BSD-15，烧穿时间提高了 2 380 s(39 min 40 s)，较试样 BSD-20，烧穿时间提高了 1 920 s (32 min)。

④结合图 2. 25 可知，甲烷本生灯火源面积虽小，但温度高，因此隔墙木板试验样品在受火试验中火焰中心处烧穿时间较快，但试验受火面燃烧破坏主要位于火焰中心及火焰上方，池火作用下隔墙木板试验样品受火面大面积燃烧。

2）隔墙木板试验样品炭化情况分析

在隔墙木板试验样品甲烷本生灯燃烧试验中，为了解试样在燃烧过程中各测点处木材炭化厚度及平均炭化速率，试验结束后取出试样，隔墙木板试验样品在单面受火过程中炭化厚度及炭化速率见表 2. 20—表 2. 22。

表 2.20　隔墙木板试验样品 BSD-15 炭化厚度及炭化速率试验结果

试样编号	测点编号	原始厚度/mm	受火后厚度/mm	受火时间/min	平均炭化速度/(mm·min^{-1})
BSD-15	1	15	0	12	1.25
	2		5		0.83
	3		6		0.75
	4		3		1
	5		7		0.667
	6		15		0
	7		15		0
	8		10		0.417
	9		15		0

表 2.21　隔墙木板试验样品 BSD-20 炭化厚度及炭化速率试验结果

试样编号	测点编号	原始厚度/mm	受火后厚度/mm	受火时间/min	平均炭化速度/(mm·min^{-1})
BSD-20	1	20	0	20	1
	2		17		0.15
	3		13		0.35
	4		4		0.8
	5		14		0.3
	6		20		0
	7		20		0
	8		13		0.35
	9		20		0

表 2.22 隔墙木板试验样品 BSD-25 炭化厚度及炭化速率试验结果

试样编号	测点编号	原始厚度/mm	受火后厚度/mm	受火时间/min	平均炭化速度/(mm·min^{-1})
BSD-25	1	25	0	52	0.481
	2		16		0.173
	3		14		0.211
	4		0		0.481
	5		15		0.192
	6		25		0
	7		25		0
	8		11		0.269
	9		25		0

由表 2.20—表 2.22 隔墙木板试验样品炭化厚度及炭化速率试验结果表可知：

①甲烷本生灯火源条件下，截面厚度越小的试验样品炭化速度越大，截面厚度越大的试验样品炭化速度越小。BSD-15 试样各测点平均炭化速度最大值为测点 1 的 1.25 mm/min，BSD-20 试样各测点平均炭化速度最大值为测点 1 的 1 mm/min，BSD-25 试样各测点平均炭化速度最大值为测点 1 及测点 4 的 0.481 mm/min。

②相较池火火源作用下的隔墙木板试验样品炭化速率，甲烷本生灯火源作用下，火焰中心处炭化速率均提高，耐火时间降低。但本生灯的辐射方位较小，仅仅为火焰中心处，而池火火源作用下，隔墙木板试验样品受火面均被点燃。

2.6　本章小结

本章主要进行吊脚楼古建筑木结构构件火灾试验研究。首先对试样进行材性分析及热解特性分析,根据试样得热解特性对古建筑木结构构件火灾试验研究,试验样品共包含 5 根木梁试样,4 块木楼板试样及 5 块隔墙木板试样,通过池火火源及甲烷本生灯火源探究试样受火燃烧时的温度场变化及炭化率,结合试验现象及试样结果,得到以下结论:

①木结构构件火灾蔓延过程中,主要受木材密度、含水率、导热系数及木材比热容的影响,因此本章进行了松木木材密度及含水率测定,总结前人对木材导热系数及木材比热容的研究。

②可燃物在燃烧前会进行热分解,热分解过程会产生大量可燃性挥发物质,为火灾蔓延提供物质基础,因此本章进行松木试样热解特性分析,探究松木试样在不同氛围、不同升温速率下的热解特性。

③木梁试验样品在受火过程中,由于试验表面炭化,进一步降低木材内部可燃物热分解,降低木材进一步炭化速度,因此木梁试验样品受火 30 min 炭化速度较受火 45 min 炭化速度大,木梁试验样品炭化速率最大值为 0.8 mm/min。受火过程中,木梁试样随测点距离火源中心距离增大,炭化速率降低。

④木楼板试样在池火作用下,出现轰燃现象。试样 CHLB-20-1 在 200 mm 油盘池火火源作用下 40 min 时被烧穿,各测点最大炭化速率不低于 0.500 mm/min,试样 CHLB-25-1 在 200 mm 池火火源作用下 46 min 仍未被烧穿,各测点最大炭化速率为 0.413 mm/min;试样 CHLB-20-2 在 250 mm 油盘池火火源作用下 13 min 时被烧穿,各测点最大炭化速率不低于 1.538 mm/min,试样 CHLB-25-2 在 250 mm 池火火源作用下 46 min 仍未被烧穿,各测点最大炭化速率为

0.457 mm/min。相较截面厚度为 20 mm 构件，截面厚度为 25 mm 构件耐火性能大幅提高。

⑤隔墙木板试验样品在池火火源作用下，试样 CHMB-20 各测点平均炭化速度最大值为 0.435 mm/min，试样 CHMB-25 各测点平均炭化速度最大值为 0.263 mm/min，试样 CHMB-25 平均速度仅为试样 CHMB-20 平均速度的 60%。试样 CHMB-25 烧穿时间为 95 min，试样 CHMB-20 烧穿时间为 46 min，CHMB-25 试样截面厚度较 CHMB-20 试样截面厚度增加 5 mm，增加厚度占比 25%，但耐火时间提高超 106%。因此，适当增加建筑构件尺寸有利于提高建筑耐火性能。

⑥隔墙木板试验样品在甲烷本生灯火源作用下，试样 BSD-15 各测点平均炭化速度最大值为测点 1 的 1.25 mm/min，试样 BSD-20 各测点平均炭化速度最大值为测点 1 的 1 mm/min，试样 BSD-25 各测点平均炭化速度最大值为测点 1 及测点 4 的 0.481 mm/min。甲烷本生灯火源作用下隔墙木板试验样品炭化速率大于隔墙木板试验样品在池火火源作用下的炭化速率，但作用面积较小。

⑦本章通过对传统木结构吊脚楼古建筑构件进行火灾试验研究，得到各构件试验样品在不同燃烧环境下的温度场变化及炭化速率，对科学研究吊脚楼古建筑燃烧特性具有重要意义。

第 3 章　木结构吊脚楼火灾轰燃研究

3.1　木结构吊脚楼火灾轰燃基本理论

3.1.1　火灾轰燃的定义及危害

火灾轰燃一般是指在火灾发展过程中建筑内部突然引起全面燃烧的现象[53]，其常见定义有以下三种：

定义 1　室内火灾由局部火向大火的转变，转变之后室内所有可燃物的表面开始燃烧；

定义 2　室内燃烧由燃料控制转向通风控制，从而使火灾由发展期转变为最盛期；

定义 3　在室内顶棚下方积聚的未燃气体或蒸气突然着火而造成火焰迅速扩展。

由于定义 1 中在复杂的室内所有可燃物表面开始燃烧这一现象很难实现；定义 2 为定义 1 结果的表现；而定义 3 是根据轰燃发生时的现象来定义的，综合各种复杂因素的影响，在轰燃发生前这种情况也有可能发生。因此这三种定义缺乏一定的严谨性和准确性。在火灾燃烧的增长期，大量烟气积聚在屋顶处，并通过热辐射和热对流将热量反馈给可燃物，室内温度持续增加，当达到可燃物燃点后，室内可燃物及可燃气体开始大面积燃烧。基于此，越来越多学者倾向于将轰燃定义为室内大面积非连续性可燃物同时燃烧的现象。

火灾轰燃危害性极大。在受限空间内,轰燃发生时空间内大部分可燃物开始燃烧,将会造成严重的经济损失,并且随着受限空间内温度的升高会消耗大量的氧气。火灾发生时产生了很多危险因素,主要包括高温、CO 及 CO_2 中毒以及窒息[54],致使救援活动十分困难。除此之外,在受限空间内空气流通性较差,室内温度较高,燃烧处于缺氧状态,救援人员贸然进入火场,氧气会迅速进入室内造成轰燃,轰燃的发生代表火灾进入全面燃烧阶段,给消防工作带来极大困难,甚至威胁消防人员的生命安全[55]。而对于古建筑来说,建筑材料多为木材,构件表面积较大,室内陈列的古建筑较多,其火灾荷载较大,一旦发生轰燃,形势难以控制。火焰若从开口喷出也极易引燃周围建筑,造成"火烧连营"的情况,其损失无法估量。

3.1.2 火灾轰燃现象判定

对于火灾轰燃现象判定主要有定性和定量两种[56]。

定性判据是根据火灾发展的现象进行判断,如果出现火焰从着火有限空间中窜出、受限空间内所有可燃物的表面开始燃烧的现象,即可定性地判断发生了火灾轰燃的现象。

定量判据可以从温度、热流密度、质量燃烧速率,以及热释放速率四个方面进行判断。在温度方面 Hagglund 等[57]对火灾轰燃进行了试验,在测量数据的基础上提出顶棚温度达到 873.2 K 则可认为已经发生轰燃现象。对于热流密度方面,当空气中的热通量达到 20 kW/m^2,则可认为轰燃已经发生。对于质量燃烧速率,质量燃烧速率要达到 40 g/s,轰燃才会发生。而热释放速率要根据其值是否达到临界热释放速率来判断轰燃发生的可能性,热释放速率的计算经验模型有三种[58]:

$$Q_c = 750A_0\sqrt{H_0} \tag{3.1}$$

$$Q_c = 7.8A_r + 378A_0\sqrt{H_0} \tag{3.2}$$

$$Q_c = 610\left(h_k A_r A_0\sqrt{H_0}\right)^{\frac{1}{2}} \tag{3.3}$$

式中，Q_c 为最低热释放速率，kW/m^2；A_0 为房间内面积与开口面积差值，m^2；H_0 为开口的高度，m；A_r 为开口的面积，m^2；h_k 为对流传热系数，$W/(m^2 \cdot K)$。

3.2　木结构吊脚楼火灾轰燃突变模型

3.2.1　木结构吊脚楼轰燃突变模型

轰燃是由多种因素共同影响的结果[59]，陈爱平等[60]对影响轰燃的因素进行研究后提出了轰燃综合预测法。这种预测法没有考虑木结构建筑火灾时的特殊性，因此引入突变理论研究火灾中的轰燃现象能有效提高研究价值及拓展研究方法。谢之康[61]阐述了突变火灾学的主要任务，从突变动力学的角度分析了辐射控制下的恒温爆炸系统的突变特性。翁文国等[62]利用突变理论研究腔室中的回燃现象，认为腔室回燃属于燕尾突变。同时利用此方法对常规建筑的轰燃现象进行了研究，认为建筑火灾轰燃同样属于燕尾突变[63]。楼波等[64]为介绍突变理论在火灾轰燃中的应用，利用突变理论研究了腔室火灾的轰燃现象，预测了该火灾轰燃的临界值，结果符合一般规律，并对尖点突变和燕尾突变模型的应用进行了分析。杨祎等[65]引入突变理论对在建建筑火灾轰燃的临界值进行预测，同时利用数值模拟验证了突变理论模型的可靠性，认为该预测结果较为合理。对比运用突变理论预测得出的火灾轰然现象发生的临界条件，验证突变理论预测木结构吊脚楼火灾轰然现象临界值的有效性。对研究火灾轰燃现象发生的临界值具有现实意义，从而有效控制火灾蔓延。

突变理论能够很好地诠释火灾这一非线性现象，将突变理论引入火灾发展过程的研究中，有利于找到系统控制因子的突变空间，控制因子变化时系统的突变模式及突变发生时状态转化关系[66]。这对研究火灾的突变机理，找到突变发生的临界值，有效防止火灾的发生具有重要意义。

1）能量守恒方程

在木结构吊脚楼发生火灾的情况下，利用热烟气层为研究对象，在自然通风条件下，以单个吊脚楼为研究系统建立能量守恒方程。雷兵等[67]及王晶晶等[68]为简化计算过程，在建立能量方程前对边界条件进行设定，将预测结果实验数据进行对比，发现能量方程计算出的轰燃临界值较为符合实际情况。据此，总结边界条件设定规律对单个吊脚楼所建立的能量守恒方程进行边界条件设定，得出的结果与实际结果的偏差不大，不会对研究造成影响。对单个木结构吊脚楼所建立的能量守恒方程作出如下假设：

①吊脚楼内各处压力平衡。

②发生火灾产生的热烟气层密度与空气密度 C_p 相同。

③可认为房间内排出和吸入的热烟气的物质质量近似相同。

根据边界条件列出木结构建筑受限空间火灾的能量守恒方程为

$$mc_p \frac{dT}{dt}=M_f \chi H_c+c_p^a M_a T_a+c_p^f M_f T_{Ad}+AH_a-\Delta H_v-A_w \varepsilon_a \delta(T^4-T_w^4)-A_d \varepsilon_a \delta(T^4-T_0^4)-A_d h_d(T-T_0)-c_p^0 M_o(T-T_0) \tag{3.4}$$

式中，m 为可燃物质量，kg；c_p 为定压比热容，J/(kg · K)；T 为热烟气层的平均温度，K；t 为燃烧时间，s；M_f 为燃烧物的质量燃烧率，kg/s；χ 为燃净率；H_c 为燃烧热，kJ/kg；c_p^a 为空气定压比热容，J/(kg · K)；M_a 为吸附到烟气层的空气质量流率，kg/s；T_a 为环境温度，K；c_p^f 为灰分定压比热容，J/(kg · K)；T_{Ad} 为灰分温度，K；A 为木材燃烧的面积，m^2；H_a 为单位面积木材燃烧热释放速率，kW/m^2；ΔH_v 为木材热解吸热量，kJ/s；A_w 为房间内壁面积，m^2；ε_a 为烟气层对客室四周福射发热率；δ 为波尔兹曼常数；T_w 为墙壁燃烧前的内壁温度，K；A_d 为窗户和门开口面积之和，m^2；T_a 为初始温度，K；h_d 为热烟气层和环境空气之间的对流传热系数，W/(m^2 · K)；c_p^0 为热烟气层定压比热容，J/(kg · K)；M_0 为排出烟气质量流率，kg/s。

2）无量纲化

燃烧物的质量燃烧率表达式为

$$M_f=\frac{A_f}{\Delta h_r}[q''+\alpha_u(T)\delta(T^4-T_0^4)] \tag{3.5}$$

式中，A_f 为起火物质的表面积，m^2；q''为火源传给起火物质的热流量，kW；$\alpha_u(T)$ 为烟气层对起火点热反应系数；Δh_r 为起火物质的热解热，J/(kg · K)。

无量纲化即通过一个合适的变量替代，将一个涉及物理量的方程的部分或全部的单位移除的过程，对能量方程进行无量纲化。因此假设式(3.4)中：

$$\theta=\frac{T}{T_0},\theta_w=\frac{T_w}{T_0},\tau=\frac{t}{t^*},t^*=\frac{mc_pT_0}{Q_0},Q_0=\frac{A_f\chi H_cq''}{\Delta h_r}$$

式中，θ 为无量纲热烟气层平均温度；θ_w 为无量纲内壁温度；τ 为无量纲时间。

化简能量方程式为

$$\frac{d\theta}{d\tau}=1+(\varepsilon_{k1}+\varepsilon_{k2}-\varepsilon_1)(\theta^4-1)-\varepsilon_w(\theta^4-\theta_w^4)-(\varepsilon_2+\varepsilon_0)(\theta-1)+\varepsilon_f+\varepsilon_n+\varepsilon_m \tag{3.6}$$

其中：

$$\varepsilon_{k1}=\frac{A_f\chi H_c}{\Delta h_r}\alpha_u\delta T_0^4/Q_0,\varepsilon_{k2}=\frac{c_{p,f}A_fT_{vol}}{\Delta h_r}\alpha_u\delta T_0^4/Q_0,\ \varepsilon_f=\frac{c_{p,f}A_fT_{vol}q''}{\Delta h_r}/Q_0,$$

$$\varepsilon_n=c_{p,a}M_aT_0/Q_0,\varepsilon_m=(AH_a-\Delta H_v)/Q_0,\varepsilon_w=A_w\varepsilon_a\delta T_0^4/Q_0,$$

$$\varepsilon_1=A_d\varepsilon_a\delta T_0^4/Q_0,\varepsilon_2=A_dh_dT_0/Q_0,\varepsilon_0=c_{p,0}M_0T_0/Q_0$$

根据文献资料及现场调研，将计算数据汇总见表 3.1。将表 3.1 的数值代入可得：$\varepsilon_{k1}=0.000\,885\,9$，$\varepsilon_{k2}=0.000\,051$，$\varepsilon_f=0.057\,6$，$\varepsilon_n=0.037\,4$，$\varepsilon_m=-6.312\,2$，$\varepsilon_w=0.003\,59$，$\varepsilon_1=0.007\,93$，$\varepsilon_2=0.000\,264$，$\varepsilon_0=0.000\,71$。

表 3.1　贵州省某典型木结构吊脚楼火灾计算数据

名称	单位	取值	名称	单位	取值
燃净率 χ		0.79	房间窗户和门开口面积之和 A_d	m^2	1.68
灰分温度 T_{vol}	K	1 000	初始温度 T_0	K	298.2
空气定压比热容 $c_{p,a}$	J/(kg·K)	1 003.2	单位面积木材燃烧热释放速率 H_a	kW/m^2	240
波尔兹曼常数 δ		5.67×10^{-8}	流出烟气质量流率 M_0	kg/s	5.4
燃烧热 H_c	kJ/kg	1 003.2	起火物质表面积 A_f	m^2	25
环境温度 T_a	K	500	木材燃烧的面积 A	m^2	46
灰分定压比热容 $c_{p,f}$	J/(kg·K)	16 028.1	木材热解吸热量 ΔH_V	kJ/s	1.2×10^7
热烟气层和环境空气间对流换热系数 h_d	$W/(m^2\cdot K)$	10	卷吸到烟气层的空气质量流率 M_a	kg/s	2.83
房间墙壁燃烧前的内壁温度 T_w	K	513.2	房间内壁面积 A_w	m^2	38
起火物质的热解热 Δh_r	J/(kg·K)	10^6	烟气层对起火物质的热反应系数 $\alpha_U(T)$		0.4

由墙壁热惯性系数 $\beta=(\theta_w-1)/(\theta-1)$，可知 $\theta_w=1+\beta(\theta-1)$，取 $\beta=0.4$，代入并化简成关于 θ 的表达式：

$$F(\theta)=a_1\theta^4+a_2\theta^3+a_3\theta^2+a_4\theta+a_5 \tag{3.7}$$

其中：

$$a_1=-\varepsilon_w(1-\beta^4)+\varepsilon_{k1}+\varepsilon_{k2}-\varepsilon_1,\ a_2=4\varepsilon_w\beta^3(\beta-1),\ a_3=6\varepsilon_w(\beta-1)^2\beta^2$$

$$a_4=4\varepsilon_w\beta(1-\beta)^3-\varepsilon_2-\varepsilon_0,\ a_5=1-(\varepsilon_{k1}+\varepsilon_{k2}-\varepsilon_1)+\varepsilon_2+\varepsilon_0+\varepsilon_f+\varepsilon_n+\varepsilon_m+\varepsilon_w(\beta-1)^4$$

可求得：

$a_1=-0.002\ 7$，$a_2=-0.000\ 551$，$a_3=0.001\ 241$，$a_4=0.031\ 58$，$a_5=-5.149\ 4$

3）微分同胚

U 为势函数，对 $F(\theta)$ 进行积分，自定义微分同胚项为[69]：

$$\theta=x+k,\quad k=-\frac{a_2}{4a_1}$$

代入 $F(\theta)$ 中,整理后得到该木结构建筑受限空间内火灾突变势函数表达式为

$$U=\frac{a_1}{5}(x^5+ux^3+vx^2+wx) \tag{3.8}$$

$$\begin{cases} u=\dfrac{5}{a_1}\left(\dfrac{a_3}{3}-\dfrac{a_2^2}{8a_1}\right) \\ v=\dfrac{5}{a_1}\left(\dfrac{a_4}{2}-\dfrac{a_3a_2}{4a_1}+\dfrac{a_2^3}{16a_1^2}\right) \\ w=\dfrac{5}{a_1}\left(\dfrac{a_3a_2^2}{16a_1^2}-\dfrac{3a_2^4}{256a_1^3}-\dfrac{a_4a_2}{4a_1}+a_5\right) \end{cases}$$

式中,x 为状态变量;u、v、w 为控制变量。

3.2.2 燕尾突变理论

燕尾突变的势函数表达式为[70]

$$V(x)=x^5+ux^3+vx^2+wx \tag{3.9}$$

燕尾突变的流形 M:

$$5x^4+3ux^2+2vx+w=0 \tag{3.10}$$

分岔集 B 除满足式(3.9)外还需要满足

$$20x^3+6ux+2v=0 \tag{3.11}$$

为了画出突变理论的分岔集 B,则考虑 u 值固定时的分岔曲线 B_u,通过式(3.10)和式(3.11)可知当 $x=0$ 时,$v=w=0$;v 对于 w 是奇函数,并且有 $x\to+\infty$ 时,$v\to+\infty$。将[式(3.10)−式(3.11)]×x 可以得到

$$-15x^4-3ux^2+w=0 \tag{3.12}$$

由此可知 w 对 x 为偶函数,并且有 $x\to+\infty$ 时 $w\to+\infty$。因为 w 对 x 为偶,v 对 w 为奇,可知 w 对 v 为偶。对式(3.10)和式(3.11)中的 x 分别进行求导得到

$$\frac{\mathrm{d}w}{\mathrm{d}x}=-2x\frac{\mathrm{d}v}{\mathrm{d}x} \tag{3.13}$$

$$\frac{\mathrm{d}v}{\mathrm{d}x}=-(30x^2+3u) \tag{3.14}$$

在尖点处 $\mathrm{d}v/\mathrm{d}x$ 与 $\mathrm{d}w/\mathrm{d}x$ 同时为零,现在考虑 $u>0$ 的情况,由式(3.14)可知恒有 $\mathrm{d}v/\mathrm{d}x<0$,则此时没有尖点。此时对 v 求导有 $\mathrm{d}w/\mathrm{d}v=-2x$ 于是当 $x=0$ 时 $\mathrm{d}w/\mathrm{d}v=0$,则在分岔集的截线上有一个明显的极小值点,这样就很容易做出 $u>0$ 时的分岔集,如图 3.1 所示。

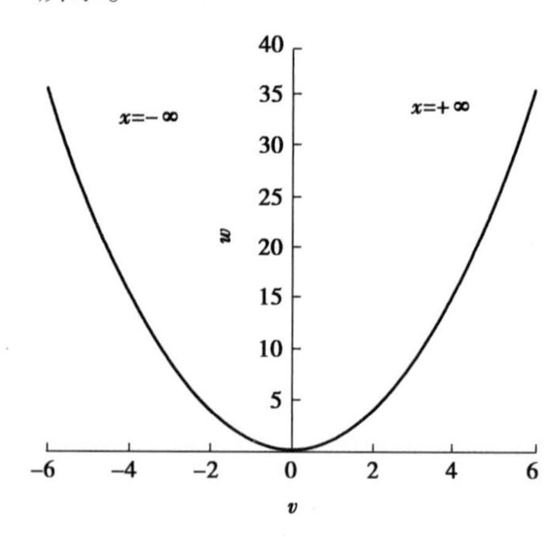

图 3.1　燕尾突变分岔集截线($u\geqslant 0$)

若考虑 $u<0$ 的情况,由式(3-14)可知,当 $x=\pm(-0.1u)^{1/2}$ 时有 $\mathrm{d}v/\mathrm{d}x=0$;再根据式(3-13)可知,当 $x=0,\pm(-0.1u)^{1/2}$ 时有 $\mathrm{d}v/\mathrm{d}x=0$,则 $x=0$ 为临界点,$x=\pm(-0.1u)^{1/2}$ 为尖点。由式(3-14)又可知,当 $x=0$ 或 $x=\pm(-0.3u)^{1/2}$ 时,$v=0$,后一个可以视为自交点。

确定 v 和 w 的取值能够确定尖点的位置,根据式(3-11)可以得到

$$v=-10x^3-3ux=\pm 2u\sqrt{-0.1u} \tag{3.15}$$

$$w=-5x^4-3ux^2-2vx=-0.15u^2 \tag{3.16}$$

根据式(3.15)、式(3.16)可绘制出 $u<0$ 的突变分岔集截线,如图 3.2 所示。

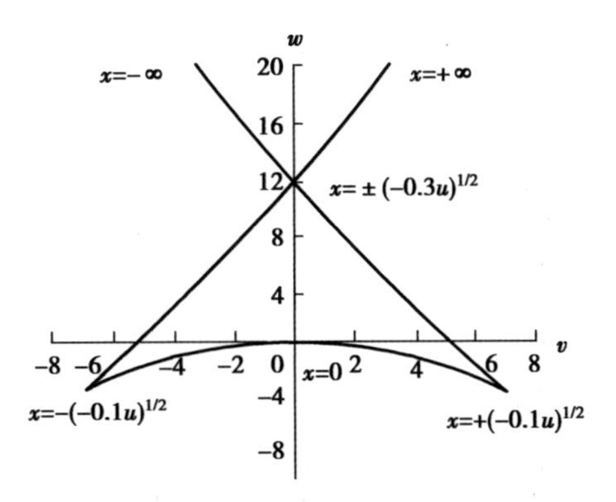

图 3. 2　燕尾突变分岔集截线($u<0$)

3.2.3　轰燃临界值预测

由所建立能量方程推导出的势函数公式满足燕尾突变的特征,则可认为木结构建筑中火灾轰燃现象属于燕尾突变。

由于数据计算出 $u=-0.792\ 08$,$v=-29.120\ 8$,$w=9\ 538.765\ 8$,因此只考虑 $u<0$ 的情况。画出 $u=-3$ 时的 v-w 空间的突变解集,如图 3. 3 所示。

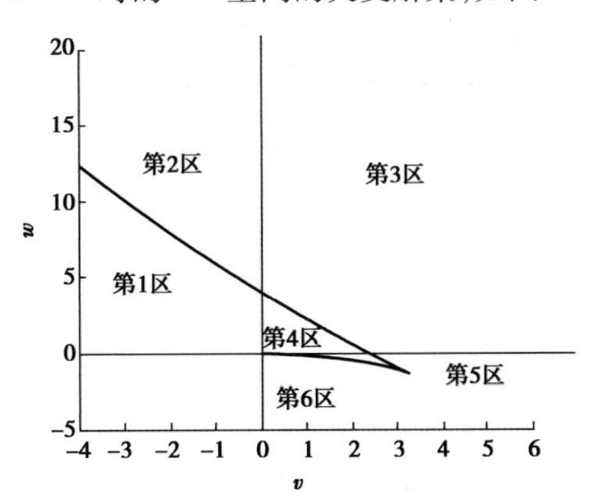

图 3. 3　$u=-3$ 时突变分岔集 v-w 空间

根据各种不同情况下的数据参数做出势函数曲线,如图 3. 4 所示。根据势函数曲线可知,图 3. 3 中的第 1、4、5 区为轰燃区,其他为非轰燃区。根据计算结论推断该木结构建筑受限空间内发生火灾时,若没有及时采取灭火救援措施火场温度将达到轰燃发生的临界值。

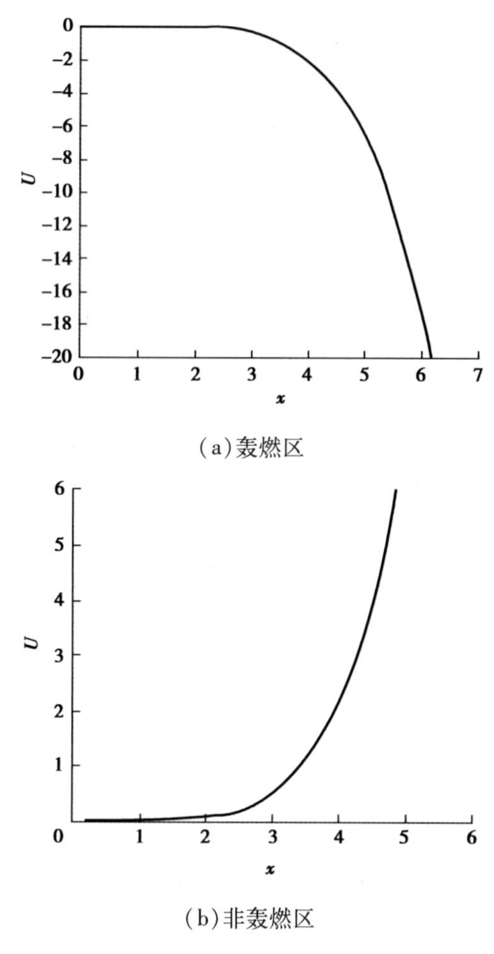

(a)轰燃区

(b)非轰燃区

图 3.4　轰燃区与非轰燃区势函数示意图

当 $u<0$,v、w 取值在第 1 区时,势函数定性曲线及其微商曲线如图 3.5 和图 3.6 所示。

由图 3.5 和图 3.6 所示曲线可知轰燃的临界点为 $X_A=0.597$,火灾完全稳定点为 $X_B=1.375$。当 X 值大于轰燃临界点 X_A 时,势函数曲线就会顺势变化到火灾发展完全稳定点 X_B。根据已计算出数据 $a_1=-0.0027$,$a_2=-0.000551$,可求出 $k=-0.05102$。随后可求得当热烟气层的平均温度达到 951.5 K 时,该木结构建筑受限空间内将会出现火灾轰燃现象。

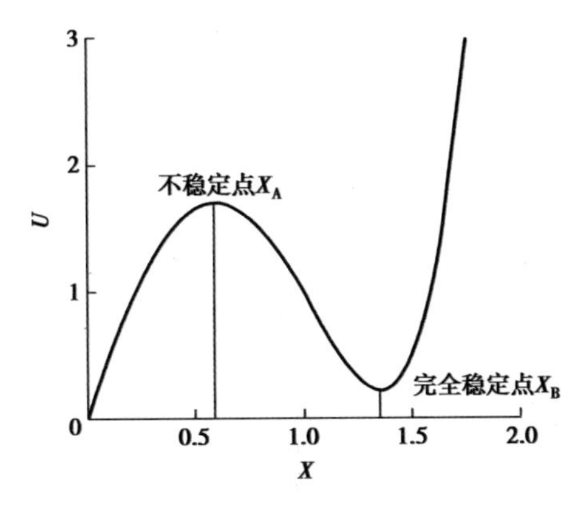

图 3.5　势函数定性曲线

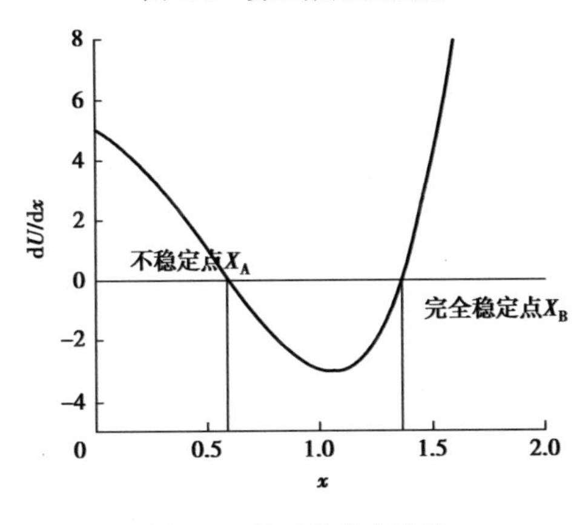

图 3.6　势函数微商曲线

3.3　木结构建筑火灾轰燃数值模拟

3.3.1　模拟基础及软件

FDS 是基于场模拟的火灾动力学模拟软件，其主要通过编码进行建模，模型多为规则立方体，而木结构建筑复杂多样，FDS 较难实现，因此本文采用 FDS 的前处理程序 Pyrosim 来进行木结构建筑火灾模拟，模拟结果由 Smokeview 后处理程序完成。Pyrosim 运用动态的图形对建筑火灾现场进行了模拟,展现方式较为直观。在走廊[71]、车库[72]、凹型建筑[73]等建筑,以及对仓库[74]、地下综合管廊[75]、螺旋形隧道[76]、深水半潜式平台[77]和高速列车[78]等火灾蔓延进行研究。在木结构建筑火灾蔓延研究中,回呈宇等[79]对马头结构古建筑进行了火灾模拟,认为马头墙与防火墙类似能够很好阻隔蔓延。孙贵磊等[80]通过模拟找到风速与 CO_2 浓度最大值之间的关系式,以及风速对火灾蔓延的影响。李贤斌等[81]模拟了不同结构木板壁下的火灾蔓延情况,木板壁上部开口增大,纵向蔓延的时间会延长。刘芳等[82]研究了火灾荷载对火灾蔓延的影响,并预测了古建筑火灾特征。田垚等[83]根据模拟结果认为古建筑屋檐及屋顶处积聚热量及烟气,易烧毁。

Pyrosim 中描述火灾蔓延的控制方程主要有质量守恒方程、能量守恒方程和动量守恒方程。通过对动量方程、能量方程、总压力方程、以空间平均温度、密度与压力方程式联立,求解计算区域的速度、温度、密度与压力[13]。各控制公式如下:

①质量守恒方程

$$\frac{\partial \rho}{\partial t}+\nabla \rho \bar{u}=0 \tag{3.17}$$

式中,ρ 为流场密度,kg/m^3;t 为时间,s;u 为流场速度向量, m/s。

②动量守恒方程

$$\rho\left(\frac{\partial \bar{u}}{\partial t}+\frac{1}{2}\nabla\left|\bar{u}\right|^2-u\times\omega\right)+\nabla P-\rho g=\nabla\sigma \tag{3.18}$$

式中,ω 为涡量, m/s;P 为烟气层压力,Pa; g 为重力加速度, m/s^2;σ 为压缩流体应力。

③能量守恒方程

$$\rho c_{\mathrm{P}}\left(\frac{\partial T}{\partial t}+\bar{u}\cdot\nabla T\right)-\frac{\mathrm{d}P_0}{\mathrm{d}t}=q+\nabla k\ \nabla T \tag{3.19}$$

式中,c_{P} 为比热容,J/(kg · K);T 为烟气层温度,K;P_0 为环境压力,Pa;q 为单

位体积热释放速率，kW/m^2；k 为热传导系数。

④理想气体方程

$$P_0(t)=\rho RT \tag{3.20}$$

式中，R 为通用气体常数。

3.3.2　数值模拟参数设置

以贵州省典型木结构吊脚楼建筑为研究对象。木结构建筑如图3.7所示。

(a)

(b)

图3.7　贵州省典型木结构建筑

贵州省木结构建筑内部呈“四排三开间”式的布局特征[84]。为了祭祀、节会等活动的需要，通常会将堂屋、厨房、卧室放在同一空间中，但是考虑到各区域的功能不同经常会在各区域之间用活动的木板进行隔断。有时也会在放置床铺的地面上铺设木板，不仅能够保证建筑内部的美观和安全而且还能在视觉上区分各个区域，便于人们的日常生活，又不影响整个空间结构和布局。吊脚楼分三个部分，一层为生产区，二层为居住区，三层为储藏区。整个吊脚楼的尺寸为10 m×6.6 m×7.7 m，单个房间的尺寸为3.6 m×2.4 m×2.7 m。起火源为外侧房间的沙发。并在火源周围、房间门口、窗口分别设置热电偶监测温度变化，设置风速分别为4 m/s和10 m/s，风向沿−x方向，网格划分为0.25 m×0.25 m×0.25 m。

3.3.3 结果分析

利用火灾模拟软件对特定设置的火灾情况进行模拟,根据模拟出的火灾发展情况,可以利用定性的方法判断轰燃是否发生、轰燃发生的时间和此时烟气层的温度。在起火点上方每隔 0.3 m 设置一组热电偶进行温度测量,又分别在房间中部、窗户、门设置了纵向间隔为 0.3 m 的三组热电偶树。

根据火灾过程模拟,通过观察发现在 108.2 s 时火灾只在着火点局部发生,由于重力作用火焰向上蔓延。到 277.5 s 时火焰开始向四周蔓延,在 366.1 s 时火焰已经充斥整个房间并有部分火焰从开口处窜出。在 502.8 s 时床和桌子已经燃尽,因此火焰分成两个部分在蔓延,一部分火焰已经蔓延至门口引燃了客厅的挡板,另一部分从窗口处窜出。由火灾蔓延过程可以发现,因为通风的作用火焰沿 $-x$ 蔓延速度更快。根据火灾轰燃的定性判据,在 366.1 s 时可认为该吊脚楼的火灾发生过程中出现了轰燃现象。

轰燃现象发生在 366.1 s 时,由距离起火点上方 1.1 m 处测得如图 3.8 所示的热烟气层温度曲线,该点接近顶板由于热烟气向上方流动因此此处测得的结果能够较好地反映火灾过程中温度变化趋势。根据图 3.8 可知在 366.1 s 时,测得热烟气层的温度为 953.4 K。而此时根据图 3.9 可以计算出在 366.1 s 时空气中的热通量已经达到 20 kW/m^2,根据定量判断条件可以认为 366.1 s 时轰燃已经发生,轰燃发生的临界温度为 953.4 K。结合 4 m/s 风速时的模拟结果与轰燃定性判据进行分析,该风速下在 422.3 s 时吊脚楼发生火灾轰燃现象。由图 3.8 可看出 422.3 s 时 4 m/s 风速下热烟气层温度为 955.7 K。

两组火灾数值模拟得出的结果与燕尾突变理论预测相比较,得到的临界温度比较相近其差值较小,可证明燕尾突变理论在木结构建筑受限空间内火灾轰燃临界值预测方面的有效性。

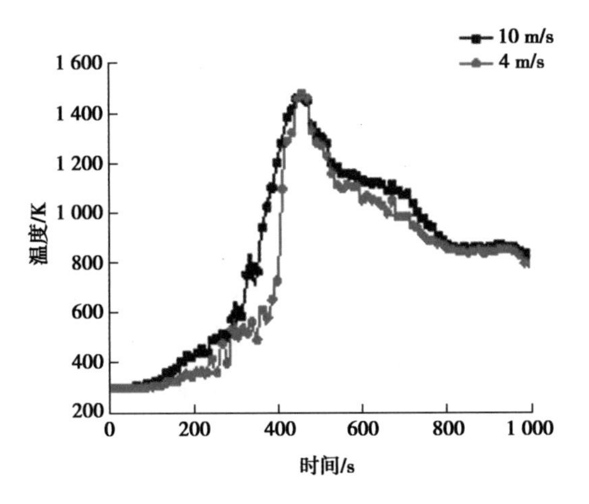

图 3.8　热烟气层温度曲线

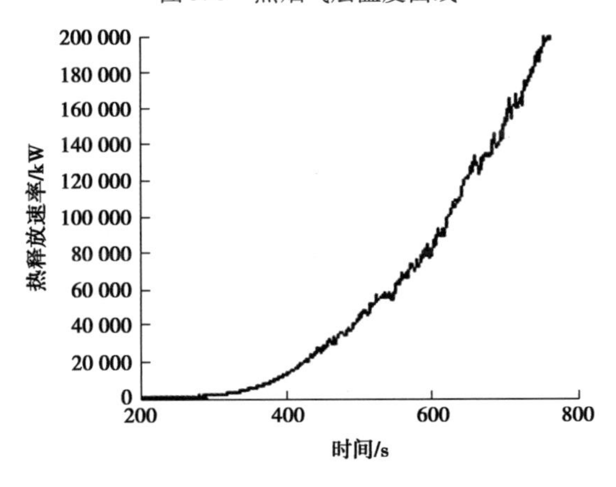

图 3.9　热释放速率曲线图

3.4　本章小结

本章以贵州省典型木结构吊脚楼建筑为研究对象,研究木结构吊脚楼受限空间火灾发展过程中发生轰燃的临界条件,分别用突变理论和数值模拟进行对比研究,通过数值模拟的手段验证突变理论在火灾轰燃现象临界条件预测中的可行性。

①建立木结构建筑受限空间发生火灾时的能量方程,并通过推导得到符合燕尾突变特征的势函数,据此可得到:木结构建筑受限空间内火灾发生轰燃现象的过程属于燕尾突变。

②根据燕尾突变理论预测该木结构建筑受限空间内火灾轰燃临界温度为951. 5 K。通过数值模拟结果对突变理论预测的轰燃临界温度进行验证,计算出两种不同风速下火灾轰燃发生时热烟气层的温度为953. 4 K和955.7 K,得出的结果误差不超过5 K。则可认为燕尾突变理论得出的结果是有效的,并且与前人试验结果相符[85]。

③突变理论由于考虑了火源参数、通风口大小、墙壁热惯性系数等因素对研究对象的影响,根据不同的研究对象进行有针对性的分析,其对于木结构建筑受限空间内火灾轰燃临界值的预测具有较强针对性。

第4章　相邻木结构吊脚楼火灾蔓延研究

4.1　相邻木结构吊脚楼火灾蔓延突变模型

4.1.1　建立火灾蔓延突变模型

以贵州省典型木结构吊脚楼建筑为背景,研究火灾由已燃建筑蔓延至未燃建筑的过程,因此将2个相邻木结构建筑按着火状态划分为已燃区与未燃区。将相邻建筑构成的沿火灾蔓延方向,高度为 a、长度为 b 的长方体视为研究对象。建立能量守恒定律方程为

$$\gamma Whb^2/t+\rho_j V_j c_j T_j ab-\rho_1 V_1 c_1 T_1 b^2-\rho_2 V_2 c_2 T_2 ab-\delta\varepsilon_R(T^4-T_0^4)ab-\delta\varepsilon_c(T^4-T_0^4)b^2-q=0 \tag{4.1}$$

式中,a 为高度,m;b 为长度,m;γ 为燃净率;W 为火灾荷载密度,kg/m^2;h 为可燃物热值,kJ/kg;t 为燃烧时间,s;ρ_j 为进风的密度,kg/m^3;V_j 为进风速度,m/s;c_j 为风的比热容,kJ/(kg · K);T_j 为进风的温度,K;ρ_1 为散发到大气中的烟气的密度,kg/m^3;V_1 为散发到大气中的烟气流动速度,m/s;c_1 为散发到大气中的烟气的比热容,kJ/(kg · K);T_1 为散发到大气中的烟气温度,K;ρ_2 为传递到未燃区的烟气密度,kg/m^3;V_2 为传递到未燃区的烟气流动速度,m/s;c_2 为传递到未燃区的烟气比热容,kJ/(kg · K);T_2 为传递到未燃区的烟气温度,K;δ 为玻尔兹曼常数;ε_R 为已燃区对未燃区的热辐射率;ε_c 为已燃区对大气的热辐射率;T

为热烟气层温度,K;T_0 为初始温度,K;q 为沿火线可燃物的不均匀、地形坡度变化等的换热量,kW。

对能量守恒方程进行假设:

$$A=\gamma Wh/t-\rho_1 V_1 C_1 T_1-\sigma\varepsilon_c(T^4-T_0^4)$$

$$B=\rho_j V_j C_j T_j a-\rho_2 V_2 C_2 T_2 a-\delta\varepsilon_R(T^4-T_0^4)a$$

根据假设将能量守恒方程(4.1)进行简化,简化后为

$$Ab^2+Bb-q=0 \tag{4.2}$$

根据式(4.2)生成描述相邻木结构吊脚楼火灾能量方程关于 b 的表达式 $U(b)$,表达式为

$$U(b)=b^2+k_1 b-k_2 q \tag{4.3}$$

式中,U 为状态函数;k_1、k_2 为常数。

自定义微分同胚项为

$$\sqrt{3}\,b=b+\frac{k_1}{2}\ ,\quad k_3=k_2 q+\frac{k_1^2}{4}$$

代入式(4.3)中,得到方程

$$U(b)=3b^2-k_3 \tag{4.4}$$

式中,k_3 为自定义同胚项。

假设 $U(b)$ 与势函数二阶偏导数是拓扑等价的,对 $U(b)$ 进行两次积分得到相邻木结构建筑火灾突变势函数表达式为

$$V(x,u,v)=\frac{1}{4}b^4-\frac{1}{2}k_3 b^2+cb=\frac{1}{4}x^4+\frac{1}{2}ux^2+vx \tag{4.5}$$

式中,V 为势函数;b、k_3、c 用 x、u、v 代替,x 为状态变量,u、v 为控制变量。

4.1.2 尖点突变理论

突变理论包含 7 种基本突变,折线型、燕尾型、蝴蝶型、双曲型、椭圆型和抛物型[86]。其中尖点突变势函数表达式为

$$V(x) = x^4 + ux^2 + vx \tag{4.6}$$

针对相邻木结构建筑火灾特征而建立的能量方程经变形后，其势函数表达式符合尖点突变的特征。对式(4.6)求导后得

$$V'(x) = 4x^3 + 2ux + v \tag{4.7}$$

式(4.7)为平衡曲面方程，尖点突变势函数临界点是式(4.7)为0时的解。对于奇点的稳定性可以由 $V(x)$ 的二阶导数确定，对式(4.7)继续求导得到势函数的二阶导数，可表示为

$$V''(x) = 12x^2 + 2u \tag{4.8}$$

由数学知识可知，式(4.7)可能有1个实根，也可能有3个实根，其实根判别式为

$$\Delta = 8u^3 + 27v^2 \tag{4.9}$$

式中，Δ 为判别式的表达符号。

其判据为：当 $\Delta<0$ 时，有3个实根，火灾处于不稳定状态；当 $\Delta=0$ 时，火灾处于临界平衡状态；当 $\Delta>0$ 时，火灾处于稳定状态。因此令 $\Delta=0$，寻找相邻木结构建筑火灾蔓延临界点，平衡临界曲线如图4.1所示。

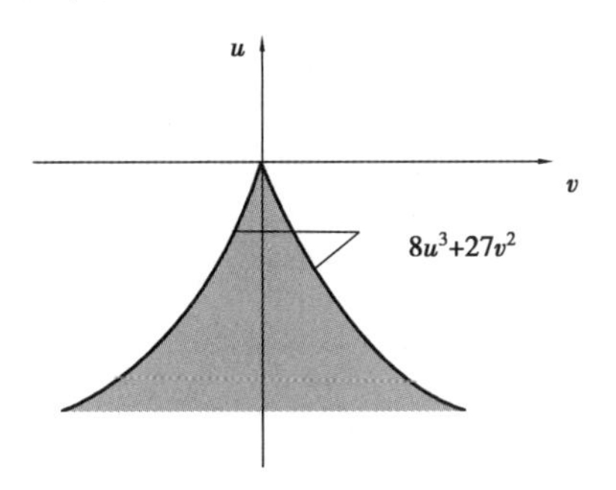

图4.1　平衡临界曲线示意图

当 $u>0$ 时火灾蔓延速度较慢且火灾强度较小，易扑救；当 $u<0$ 时火灾蔓延速度加快火灾强度增加，扑救较为困难。$\Delta=0$ 是尖角形区域的边缘曲线，其中左侧曲线为火灾由快速蔓延到快速熄灭的临界曲线，右侧曲线为火灾熄灭趋于复燃快速蔓延的临界曲线。

4.1.3 火灾蔓延临界值预测

根据已建立的能量守恒方程的推导结果,可知相邻木结构建筑火灾势函数表达式符合尖点突变理论的特征,其过程中发生的突变现象属于尖点突变。而尖点突变势函数判别式等于零时可认为火灾处于发生突变的临界状态。

使方程突变势函数的一阶导数和二阶导数均为零,并联立 2 个方程,可得

$$8u^3+27v^2=0 \tag{4.10}$$

此方程左侧即为方程(4.7)的实根判别式。因此,火灾处于突变临界状态时其突变势函数一阶导数及二阶导数同时等于零。将该规律引入由相邻木结构建筑火灾突变势函数中,计算结果可表示为

$$\begin{cases}4x^3+2ux+v=0\\12x^2+2u=0\end{cases} \tag{4.11}$$

根据式(4.11)可计算出 $u=-3x^2$,$v=2x^3$,将其代入式(4.5)中(文中 b 可用 x 代替,以下不将 b 与 x 进行区分,一律用 x 表示),进而推导出 $k_3=3x^2$。由于 $k_3=3x^2$ 并结合式(4.4)可知 $U(x)=0$,即可推出 $x^2+k_1x-k_2q=0$,据此得到能量方程的化简式。根据尖点突变理论,若相邻木结构建筑火灾处于发生突变的临界状态,则使尖点突变势函数的判别式等于零,据此对相邻木结构建筑火灾尖点突变势函数进行反推,得出能量守恒方程式,说明在相邻木结构建筑火灾蔓延中,火焰由已燃建筑传递至未燃建筑,此时火灾发生了突变现象。在设定条件下,根据此能量守恒方程可计算出此条件时火灾由已燃建筑传递至未燃建筑的临界温度。根据文献资料及现场调研,贵州省典型木结构建筑计算数据见表 4.1。

表 4.1　贵州省典型木结构建筑计算数据

名称	取值
γ	0.79
$c_j/(\mathrm{kJ \cdot kg^{-1} \cdot K^{-1}})$	1.003 2
δ	5.67×10^{-8}
$h/(\mathrm{kJ \cdot kg^{-1}})$	1 003.2
T_j/K	298.2
$c_1/(\mathrm{kJ \cdot kg^{-1} \cdot K^{-1}})$	2.032 4
$V_j/(\mathrm{m \cdot s^{-1}})$	4
$V_1/(\mathrm{m \cdot s^{-1}})$	4
$V_2/(\mathrm{m \cdot s^{-1}})$	4
T_0/K	298.2
a/m	10
b/m	22

将表 4.1 中所示数据代入式(4.1)中，可得到热烟气层温度 T 为 892.2 K。相邻木结构建筑火灾发展过程中会出现火焰由已燃建筑传递到未燃建筑的突变现象，此时的临界温度为 892.2 K。

4.2　相邻木结构吊脚楼火灾蔓延模拟

4.2.1　模型设置

根据实地调查结果，建立相邻木结构建筑火灾模型。以贵州省典型木结构建筑为研究对象，单个木结构建筑分三个部分：一层为生产区，二层为居住区，三层为储藏区。单个吊脚楼的尺寸为 10 m×6.6 m×7.7 m，单个房间的尺寸为 3.6 m×2.4 m×2.7 m。起火源设在建筑 1 的客厅中部，火灾逐渐向建筑 2 蔓延。并在火源周围、房间内部、窗口等位置设置测点监测温度、CO 浓度的变化，将风速设置为 4 m/s，风向沿 $-x$ 方向。根据调查结果，该建筑群相邻建筑间距离较小因此设置两建筑间距为 2 m。网格划分计算单元格大小为 0.25 m×0.25 m×0.25 m。

设置三种工况进行结果对比分析。工况 1 将两个木结构建筑设置在一条水平的直线上；工况 2 将被引燃木结构建筑向 $+Y$ 轴方向平移 2 m；工况 3 在工况 2 的基础上，将被引燃木结构建筑再向 $+Y$ 方向平移 2 m。两建筑相对位置连线与 x 轴夹角逐渐增加，各工况示意图如图 4.2 所示。测点位置见表 4.2。

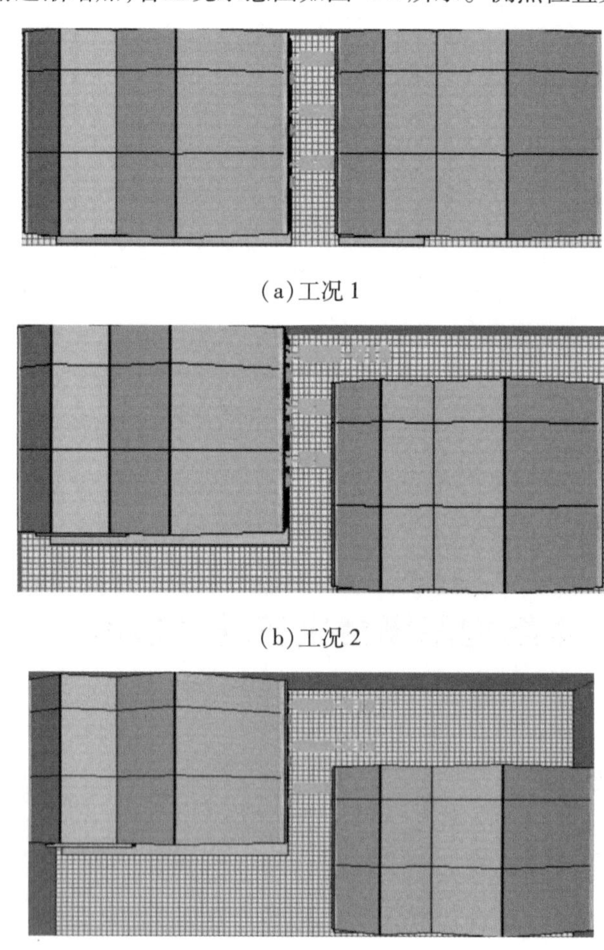

(a)工况 1

(b)工况 2

(c)工况 3

图 4.2　三种工况示意图

表 4.2　测点位置汇总

工况 1 测点	坐标(x,y,z)	工况 2 测点	坐标(x,y,z)	工况 3 测点	坐标(x,y,z)
T-1	(−7.6,−1,−1)	T-1	(−7.6,1, −1)	T-1	(−7.6,3, −1)
T-2	(−7.6,1, −1)	T-2	(−7.6,3, −1)	T-2	(−7.6,5, −1)
T-3	(−7.6,3, −1)	T-3	(−7.6,5, −1)	T-3	(−7.6,7, −1)
GAS-CO-1	(−7.6,−1, −1)	GAS-CO-1	(−7.6,1, −1)	GAS-CO-1	(−7.6,3, −1)
GAS-CO-2	(−7.6,1, −1)	GAS-CO-2	(−7.6,3, −1)	GAS-CO-2	(−7.6,5, −1)
GAS-CO-3	(−7.6,3, −1)	GAS-CO-3	(−7.6,5, −1)	GAS-CO-3	(−7.6,7, −1)

4.2.2　边界条件设置

描述火灾蔓延发展过程模型主要分为两类[87]，一是固定的火源热释放速率模型，二是变化的火源热释放速率模型。常用的火灾模型有 t^2 火模型、MRFC 模型等。木结构建筑的主要燃烧物为木制家具及构件，因此在模拟的燃烧过程中用 t^2 增长火进行描述[88]，t^2 火模型利用火灾发展中的最大热释放速率进行计算，可以描述火灾由燃烧初期缓慢增长直至燃烧趋于稳定的过程。模型公式为[89-91]：

$$Q=\alpha t^2 \tag{4.12}$$

式中，Q 为火源热释放速率，kW；α 为火灾增长系数，kW/s^2；t 为火灾的发展时间，s。

火灾增长系数选择依据见表 4.3[92]，根据贵州省典型木结构建筑实际情况，增长类型选为中速，火灾增长系数为 0.011 72 kW/s^2。

表 4.3　火灾增长系数[93]

增长类型	火灾增长系数/$(kW \cdot s^{-2})$	典型可燃材料
超快速	0.187 60	油池火、易燃装饰家居、轻薄的窗帘
快速	0.046 90	装满邮件的邮袋、塑料泡沫
中速	0.011 72	棉与聚酯纤维物品、木质办公室
慢速	0.002 93	厚重木制品

根据表 4. 4[93]，将火灾模拟模型最大热释放速率设为 8 000 kW，根据式(4. 12)进行计算，可得到达到稳定燃烧的时间为 850 s。将模拟时间设置为 1 200 s。

表 4. 4　最大热释放速率确定依据

典型火灾场所	最大热释放速率/MW
设有喷淋的商场	5. 0
设有喷淋的办公室、客房	1. 5
设有喷淋的公共场所	2. 5
设有喷淋的超市、仓库	4. 0
无喷淋的办公室、客房	6. 0
无喷淋的公共场所	8. 0
无喷淋的超市、仓库	20. 0

4. 3　火灾模拟结果对比分析

4.3.1　温度结果分析

根据热电偶监测数据绘制热烟气层温度曲线如图 4. 3 所示。通过观察火灾发展过程，在三种工况下由于两建筑间距一定，且外界环境条件相同，火焰由已燃建筑蔓延至未燃建筑所用时间大致相同。

火灾发展过程大致如下：在 151. 7 s 前火焰只出现在起火源处，但由于火焰向上传播，起火源上方出现火源并出现引燃此处房屋顶棚的趋势，到 192. 4 s 此处房屋顶棚已被引燃；368. 3 s 时已燃建筑内各部分全部开始燃烧，在 400. 6 s 时火苗窜出已燃建筑开始向未燃建筑传递，此时由于火焰辐射，未燃建筑开始逐渐升温;445.8 s时未燃建筑外墙开始被引燃。未燃建筑被引燃出现在445.8 s时,此时已燃建筑外墙处测得的热烟气层温度为881.5 K。因此可认为当已燃建筑将火焰传递至未燃建筑的临界状态时,其临界温度为881.5 K。

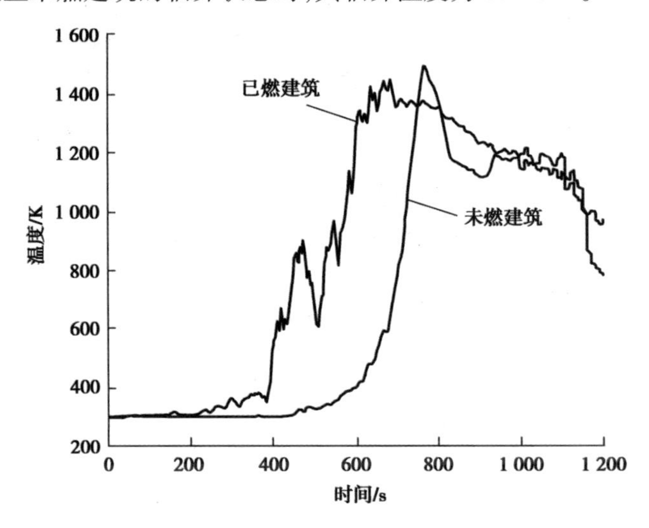

图4.3　热烟气层温度变化曲线

取建筑内相同位置温度测点进行对比分析,对建筑之间不同的位置关系与火灾蔓延之间的联系进行研究。图4.4为被引燃木结构建筑外侧房间测点温度变化曲线。在三种工况的情况下火焰都首先蔓延至外侧房间,火焰蔓延至外侧房间的时间相差不大,温度曲线的变化趋势比较相似。因此相对位置对于火焰由已燃建筑传递至未燃建筑所用时间的影响不大。根据图4.4可以观察到,工况1在780 s达到温度峰值,数值为1 468.2 K;工况2在775 s达到温度峰值,数值为1 458.2 K;工况3峰值在790 s时出现,最高温度的数值为1 513.2 K。

内侧房间、厕所及外侧房间在一条线上,厕所在中间位置。图4.5为被引燃木结构建筑厕所温度变化曲线图,三种工况开始燃烧的时间较为接近,但达到温度峰值的时间略有不同。工况1在977 s达到温度峰值,数值为974.2 K;工况2在1 010 s达到温度峰值,数值为991.2 K;工况3峰值在1 143 s时出现,数值为1 155.2 K。前两种工况温度急速下降后呈平稳下降趋势,而工况3温度刚刚开始下降。

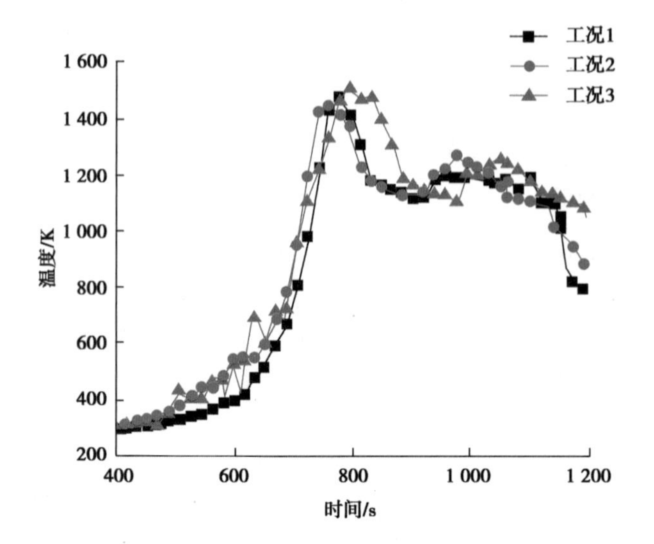

图 4.4　外侧房间测点温度变化曲线

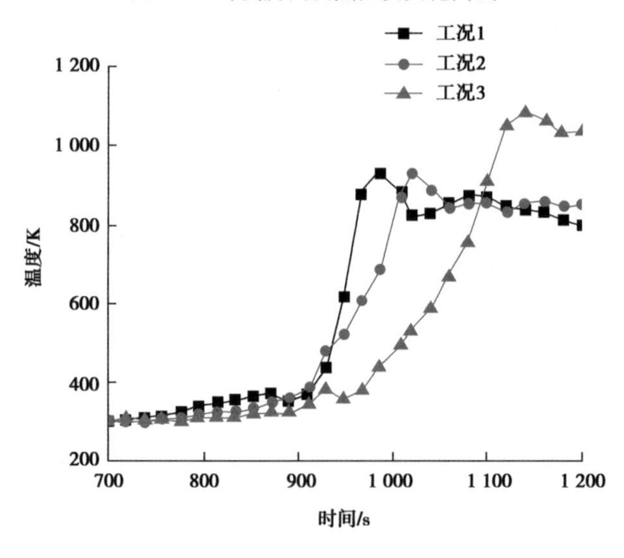

图 4.5　厕所温度变化曲线

三种工况中被引燃木结构建筑中的内侧房间逐渐远离起火木结构建筑，图 4.6 为被引燃木结构建筑内侧房间测点温度变化曲线图。三种工况下随着相对位置的变化，火灾蔓延到内侧房间所需时间逐渐变长，温度峰值到达所需时间也逐渐变长。工况 1 由于被引燃木结构建筑外墙与起火木结构建筑外墙完全重合，火灾蔓延至被引燃木结构建筑时火焰由窗口窜入内侧房间，开始燃烧时间为456 s,温度达到峰值的时间为810 s,峰值为1 178.2 K;工况2开始燃烧的时间较工况1滞后,开始燃烧时间为725 s,达到峰值的时间为920 s,其值为1 160.2 K;工况3开始燃烧的时间较前两个工况都滞后,时间为780 s,由于在运行时间内工况3的内侧房间未完全燃烧因此未出现温度下降趋势及温度峰值。

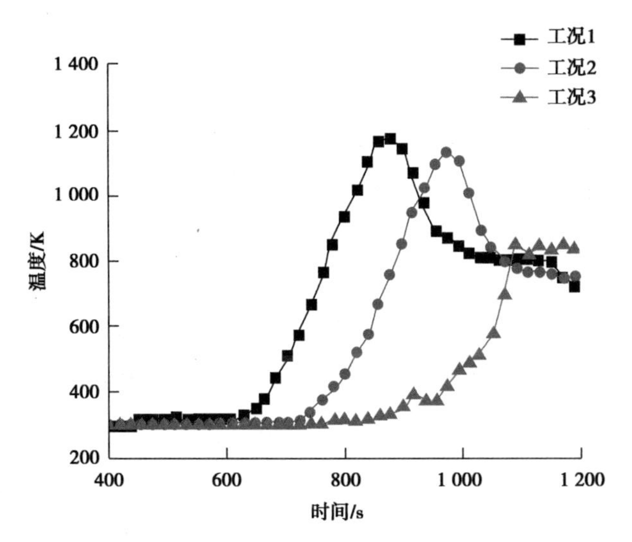

图4.6　内侧房间测点温度变化曲线

4.3.2　CO浓度分析

火灾会产生大量CO,最终导致人窒息死亡。取建筑内相同位置CO浓度测点进行对比分析,图4.7所示为被引燃木结构建筑外侧房间测点CO浓度变化曲线,图中工况1监测到CO的时间比工况2和工况3的较早,在503 s时CO的浓度开始上升,817 s达到峰值后开始下降,最终接近0值;工况2此处的CO浓度在580 s开始上升,862 s达到峰值随后开始下降;工况3与工况2监测到CO浓度的时间比较相近,在811 s达到峰值后开始下降,但在运行时间内CO浓度并未降到最低点。

图4.8为被引燃木结构建筑内厕所测点CO浓度变化曲线。图中,三种工

况下开始监测到 CO 的时间相差不大,在 778 s 附近。工况 1 在 989 s 出现峰值,随后出现下降趋势;工况 2 的峰值出现在 1 040 s,之后开始下降;工况 3 在运行时间内未出现明显峰值。工况 1 和工况 2 在运行时间内 CO 浓度均未降至最低点。

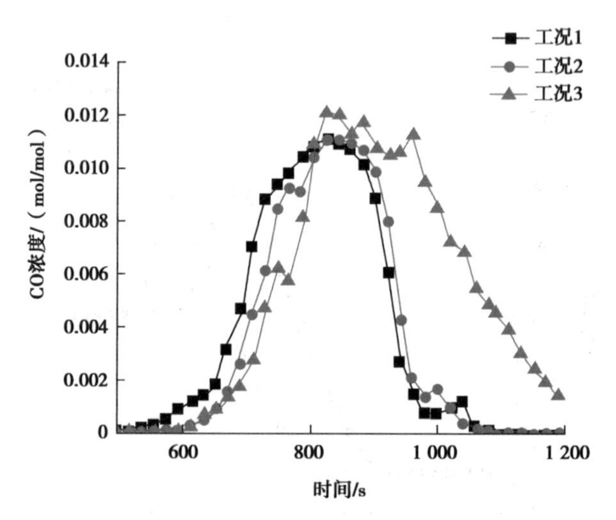

图 4.7 外侧房间测点 CO 浓度变化曲线

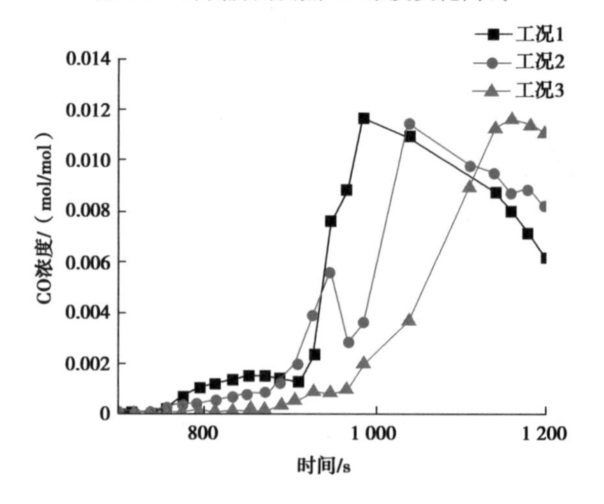

图 4.8 厕所测点 CO 浓度变化曲线

图 4.9 为被引燃木结构建筑内侧房间测点 CO 浓度变化曲线,三种工况下内侧房间的 CO 浓度变化曲线有较大的区别,工况 1 首先监测到 CO,时间为 695 s,

于 874 s 出现峰值随后下降，最终接近 0 值；工况 2 在 797 s 时 CO 浓度开始上升，967 s 达到峰值后开始下降，最终接近 0 值；工况 3 在 959 s 时监测到 CO 浓度上升现象，在运行时间内未出现明显峰值。

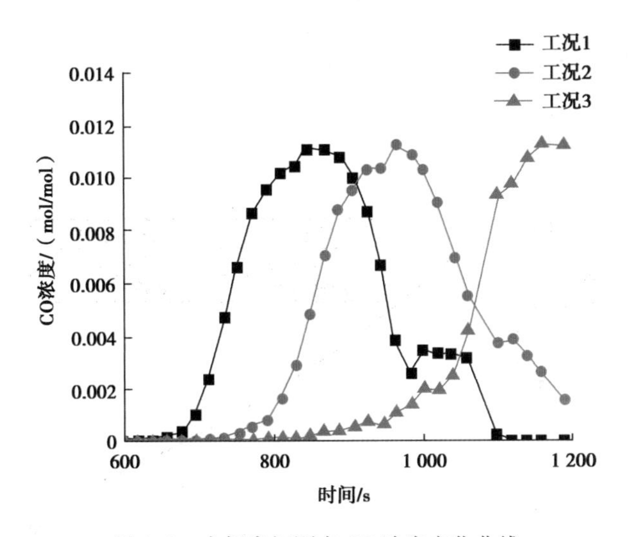

图 4.9　内侧房间测点 CO 浓度变化曲线

4.3.3　相对位置与火灾蔓延关系分析

由于相对位置的不同会导致两建筑在 x 轴方向发生重合的面积有差异，因此分析重合面积与火灾蔓延之间的关系可反映出相对位置对火灾蔓延情况的影响。火焰在自然状态下向上发展，首先被引燃的是第二层的外墙，因此只考虑火源所对应的被引燃建筑第二层的外墙重合面积。根据模拟数据建立不同相对位置时重合面积与被引燃建筑外墙全部起火时间以及被引燃建筑内设施全部被引燃所用时间的表达式。模拟所得数据见表 4.5。拟合曲线如图 4.10 和图 4.11 所示。

表 4.5　模拟数据

重合面积/m^2	整个建筑被引燃所用时间/s	外墙面全部被引燃所用时间/s
19.05	987.2	509.8
13.95	1 036.2	595.8
8.85	1 155.6	852.1

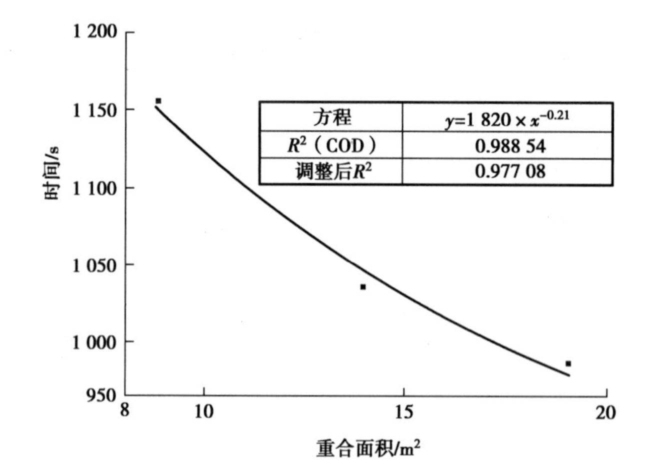

图 4.10　重合面积与整个建筑被引燃所用时间关系曲线

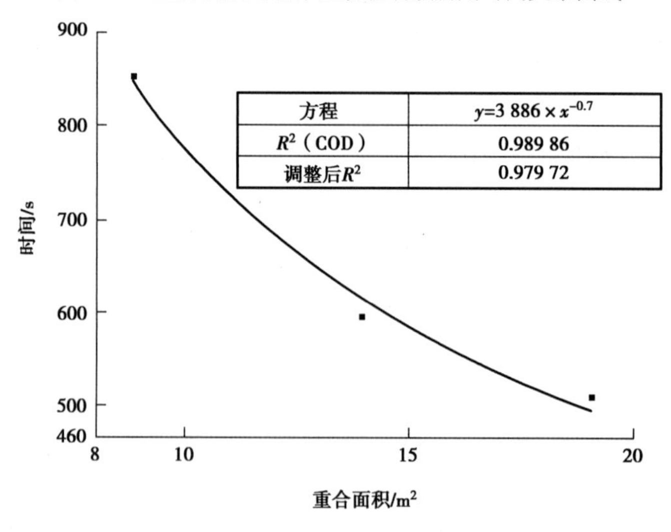

图 4.11　重合面积与外墙面全部被引燃所用时间关系曲线

其中重合面积与整个建筑被引燃所用时间的拟合关系式为

$$y=1\ 820\times x^{-0.21} \tag{4.13}$$

重合面积与外墙面全部被引燃所用时间的拟合关系式为

$$y=3\ 886\times x^{-0.7} \tag{4.14}$$

式(4.13)和式(4.14)的拟合优度 R^2 值分别为0.977 08 和0.997 2。R^2 值均较为接近1，拟合结果较好，即认为重合面积与整个建筑被引燃所用时间、与外墙面全部被引燃所用时间可用公式的关系可用拟合式(4.13)和式(4.14)来描述，同时也能反映相对位置与火灾蔓延之间的关系。两公式均为反比例函数，因此重合面积越大所用时间就越短。

4.4　火灾蔓延相似实验分析

为预测火灾由已燃建筑传递至未燃建筑的温度临界值，主要需要监测的数据为未燃区外墙被引燃时已燃区域上方热烟气层的温度。因此，设置了2组楼板燃烧实验对突变理论及数值模拟结果进行验证。于贵州省典型木结构建筑群现场进行取样，取得的楼板材料为松木，整个楼板长度为1 600 mm，截面尺寸为1 200 mm×25 mm。楼板密度为452 kg/m^3，含水率为14.6%。利用油盆对2个楼板进行持续加热燃烧，油盆直径为20 cm，盆内加入工业酒精作为燃烧物，为保证实验时间，将酒精装满油盆，约5 L。该实验在室内进行，室内无风，室温约为15 ℃。温度记录设备为日本日置HIOKI LR8432-30热流数据采集仪。

为降低木板燃烧过程中支架对火焰传播的影响，实验前将楼板放置于镂空钢架结构上。将楼板视为未燃区域的外墙，油盆点燃后作为火源并将其视为已燃区，由于实验在室内进行无风速影响，将油盆放置在两个楼板中间，同时进行除间距不同外其余条件均相同的两组实验。已燃区域与未燃区域的间距分别设置为0.2 m与0.3 m。在两个楼板及火源上方设置温度感受器对热烟气层温度进行监测,两组实验取前 1 100 s 的监测数据形成热烟气层曲线进行分析。点火同时开始记录监测到的温度数据,根据检测结果可绘制出不同间距下的热烟气层温度变化曲线,如图 4.12 和图 4.13 所示。

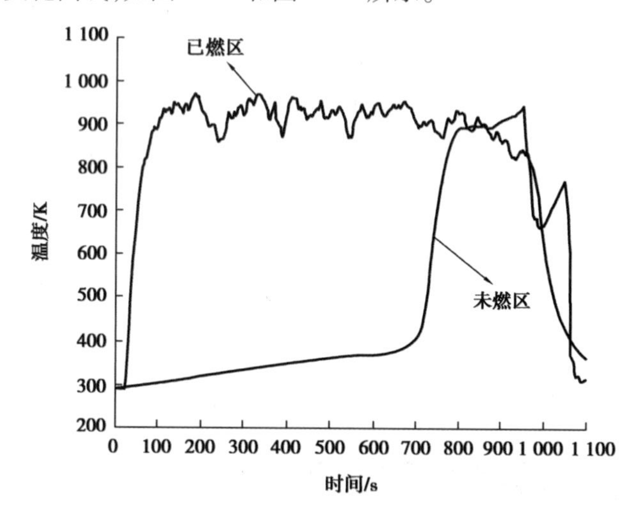

图 4.12　间距 0.2 m 时测得的热烟气层温度变化曲线

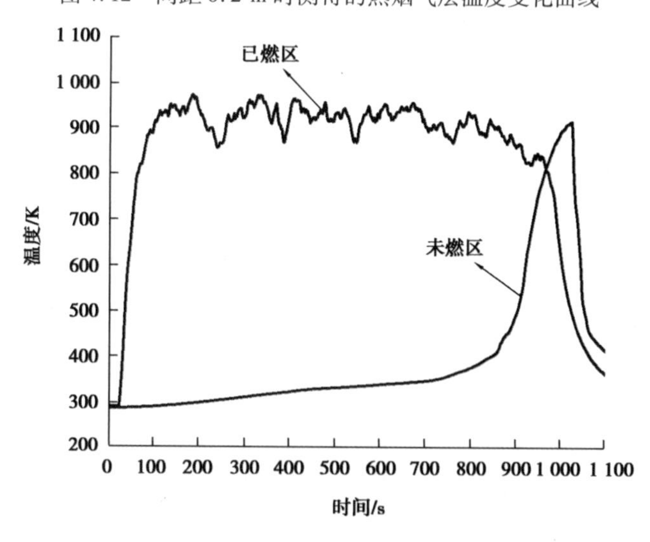

图 4.13　间距 0.3 m 时测得的热烟气层温度变化曲线

通过观察图 4.12 和图 4.13 可知,楼板处所测得的温度首先缓慢上升,随后热烟气层温度突然升高到达峰值后开始有下降趋势。实验结束后观察楼板状态,间距为 0.2 m 时楼板被烧穿,而间距 0.3 m 时楼板未被烧穿。将池火作为火源视为已燃区,因此在火源上方的热烟气层所测得温度在 900 K 附近上下浮动,最后温度随着火盆内燃烧物减少而降低。由于火源位置与楼板放置距离较近,因此在楼板周围监测到的温度一直均匀上升。

通过观察实验现象,火焰逐渐由已燃区向楼板方向蔓延,楼板附近温度逐渐达到楼板的着火点,已燃区与未燃区间距为 0.2 m 时楼板在 652 s 时开始燃烧,之后楼板附近的热烟气层温度突然升高,在此阶段内可判断发生了火灾突变现象。该阶段在已燃区域测得的热烟气层温度介于 800 ~ 950 K,楼板开始燃烧时已燃区域的热烟气层温度对应值为 903.2 K。可认为该组实验中火焰传递至未燃区域的临界温度为 903.2 K。已燃区与未燃区间距为 0.3 m 时楼板开始燃烧的时间相对滞后,该组实验的楼板在 766 s 时开始燃烧,之后火灾过程中发生突变现象,测得热烟气层温度突然上升,楼板开始燃烧时热烟气层所对应温度为 889.8 K,可认为间距 0.3 m 时火焰由已燃区传递至未燃区的临界温度为 889.8 K。根据实验结果可认为火焰由已燃区传递至未燃区的临界温度在 800 ~ 950 K。进而验证了数值模拟及尖点突变理论在相邻木结构建筑火灾蔓延中应用的可行性。

4.5　本章小结

本章通过数值模拟的手段分析了相对位置与火灾蔓延之间的关系以及火灾蔓延的临界温度。构建了相对位置与火灾蔓延的关系式,并且将尖点突变理论引入相邻木结构建筑火灾蔓延临界温度的预测中,之后进行了实验对数值模拟及尖点突变的预测结果进行了验证,得到了如下结论。

①随着两木结构建筑相对位置连线与 x 轴夹角的增加,火焰在被引燃建筑内的蔓延越慢。监测到 CO 浓度所需时间越来越长,监测到 CO 浓度峰值与 CO 浓度下降趋势所需时间也越来越长。

②根据模拟数据拟合出重合面积与整个建筑被引燃所用时间、与外墙面全部被引燃所用时间的关系式。重合面积与这两个时间成反比,重合面积越大所用时间越短。拟合出关系式为反比例函数,能较好反应相对位置与火灾蔓延之间的关系。

③根据尖点突变理论预测相邻木结构建筑火灾由已燃区传播至未燃区的临界温度为 892.2 K,利用数值模拟手段对尖点突变理论预测出的临界温度进行验证,模拟得到的热烟气层温度为 881.5 K,之后采用简易实验手段对火焰传递至未燃区时外墙楼板开始被引燃的温度进行监测,测得两组组温度值为 903.2 K 和 889.8 K,3 种手段所测得的临界温度相差不大,从而证明了尖点突变理论及数值模拟结果的有效性。

第5章 木结构吊脚楼群火灾蔓延数值模拟

5.1 木结构吊脚楼建筑群火灾蔓延模型建立

木结构建筑群发生火灾时的蔓延速度较现代钢筋混凝土建筑较快，影响其火灾蔓延速度的影响因素包括环境温度、环境风速、建筑间距、坡度等[94]。本节将研究环境风速、建筑间距，以及坡度对于木结构建筑群火灾蔓延的影响。根据实地调查，建立木结构建筑群火灾蔓延模型，以贵州省某典型木结构建筑为研究对象，建立三栋相邻的建筑从左到右分别为建筑1、建筑2、建筑3，单栋建筑分为三层，建筑尺寸为10 m×7.4 m×7.5 m，建筑两侧分为带有4扇窗户，每层2扇。模型如图5.1所示（部分建筑墙面隐藏）。

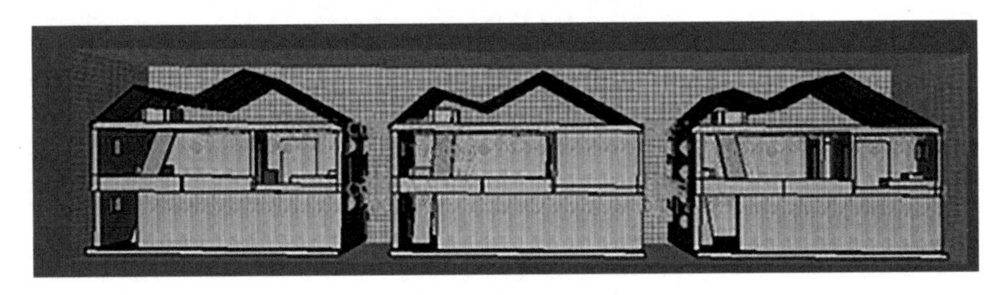

图5.1　模型示意图

有多个木结构建筑可组成不同区域形状的建筑群，根据第三章研究结果，两建筑间重合面积较小则火灾蔓延较慢，因此设置三种不同防火分区形状但建筑个数相同的建筑群火灾模型进行火灾蔓延研究，形状分别为矩形、梯形、圆弧形，主要研究三种建筑布置方式与火灾蔓延之间的关系，模型如图 5.2 所示。

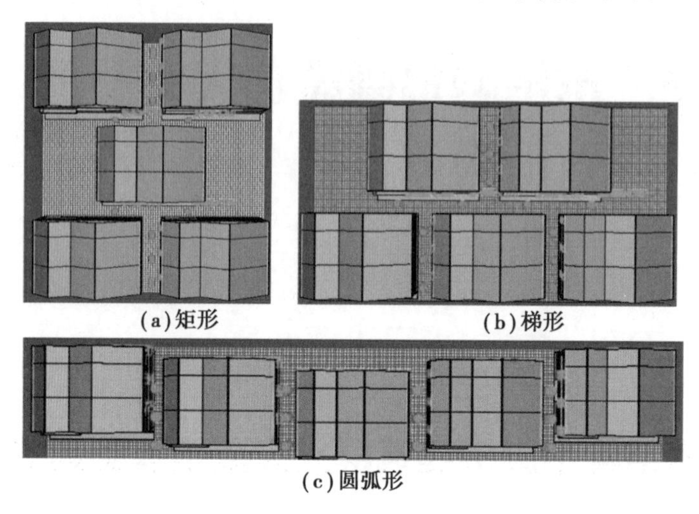
(a)矩形　(b)梯形

(c)圆弧形

图 5.2　模型示意图

将每种工况的模型都设置起火点，网格划分计算单元格大小为 0.25 m×0.25 m×0.25 m。分别在相邻木结构建筑中间及每个木结构建筑内部设置监测点对温度和一氧化碳浓度的变化进行监测。将火灾模拟模型最大热释放速率设为 8 000 kW。研究环境风速、建筑间距及坡度时设置模拟时间为 800 s，中间木结构吊脚楼起火时将运行时间设置为 1 200 s，由于边角木结构吊脚楼起火使整个防火分区全部起火所需时间较长，因此设置为 1 500 s。

5.2　风速对火灾蔓延的影响

5.2.1　参数设置

设置模型间距为 2 m，坡度为 0°，模拟环境风速分别为 2、4、6 m/s 时火灾蔓延，分析其蔓延过程及温度、CO 浓度等变化情况。

5.2.2　火灾蔓延

根据图 5.3 所示，时间为 162.8 s 时火焰从建筑 1 的窗口处喷出；233.8 s 时，建筑 2 的外墙开始被引燃；435.1 s 时，火焰蔓延至建筑 2 的二楼处的窗口处喷出，建筑 2 的左侧外墙被全部引燃；571.2 s 时，火焰蔓延至建筑 3 外墙；705.6 s 时，建筑 1 和建筑 2 全部被火焰覆盖，建筑 3 左侧外墙全部被引燃；753.1 s 时，建筑 3 内部全部充满火焰。

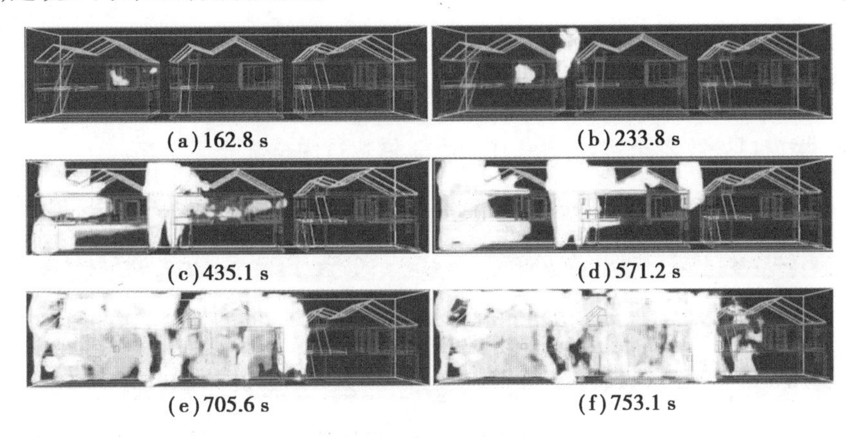

图 5.3　风速为 2 m/s 时的火灾蔓延过程

根据图 5.4 所示，时间为 190.6 s 时火焰从着火建筑 1 的窗口处喷出，由于风速的增加，火焰未出现向上蔓延的情况，直接蔓延至建筑 2 的墙面上；213.4 s 时，建筑 2 外墙开始被引燃；286.8 s 时，火焰在建筑 2 的二楼中向右蔓延至窗口处喷出，建筑 2 的二层外墙被引燃并向下蔓延；336.8 s 时，建筑 3 的外墙面被引燃，建筑 2 左侧外墙全部被引燃；530.5 s 时，火焰从建筑 3 的二楼窗口处蔓延至室内；606.9 s 时，建筑 1 和建筑 2 全部充满火焰，建筑 3 二楼充斥着火焰。

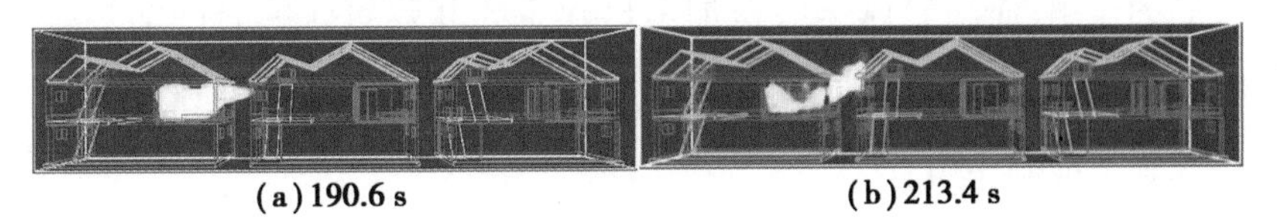

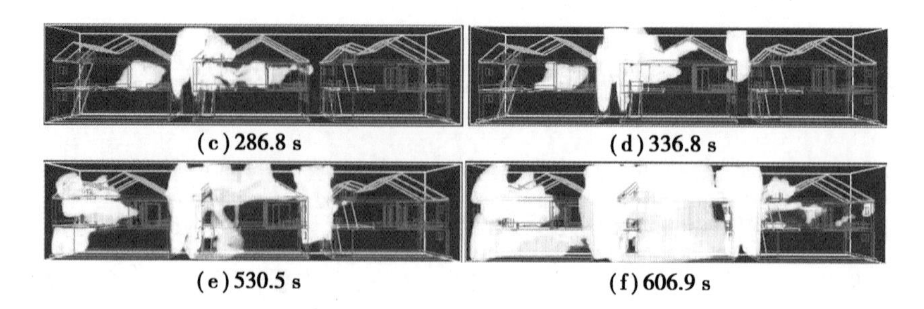

图 5.4　风速为 4 m/s 时的火灾蔓延过程

根据图 5.5 所示，时间为 207.6 s 时火焰从着火建筑 1 的窗口处喷出；232.5 s 时建筑 2 左侧墙面被引燃；256.7 s 时，火焰在建筑 2 的二楼中向右蔓延至窗口处喷出；329.6 s 时，建筑 3 左侧外墙开始被引燃；480.1 s 时，火焰从建筑 3 的二楼窗口处蔓延至室内；590.0 s 时，3 栋建筑内全部充满火焰。

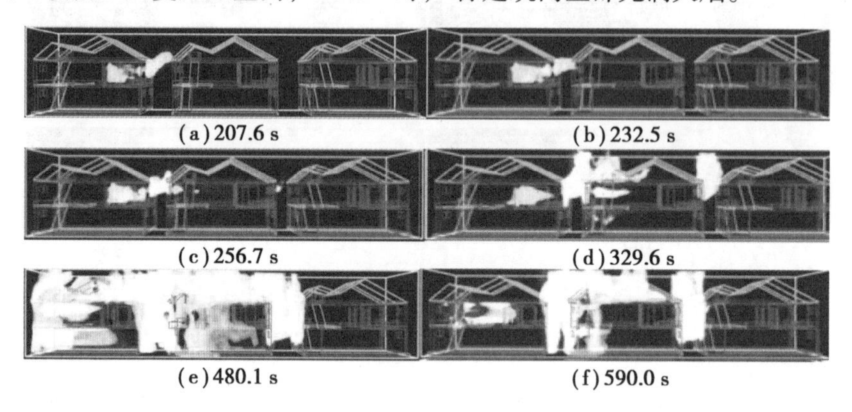

图 5.5　风速为 6 m/s 时的火灾蔓延过程

根据火灾蔓延现象可知，当建筑处于相同高度其建筑间距为 2 m 时，随着风速的增加，着火建筑内部火焰从窗口向外窜出的时间逐渐增加，火焰从二层向下蔓延的速度也有所降低，故认为风速的增加对于独栋建筑火灾向下蔓延起到了抑制的作用；而随着风速的增加引燃建筑 2 和建筑 3 的时间缩短幅度较大，说明风速的增加对加快了木结构建筑群火灾横向蔓延，但对于火灾纵向向下蔓延起到了抑制作用。

5.2.3　温度变化

当建筑间距为 2 m 且坡度为 0°时，根据图 5.6 可知在不同风速下，各个建筑内部温度变化趋势（建筑 1-1 表示建筑 1 的一层）。环境风速为 2 m/s 时，建筑 1-1、建筑 1-2、建筑 2-2 的温度分别在 351、269、322 s 时开始快速上升，并约在 450 s 时第一次达到峰值温度分别是 965、1 300、630 ℃；建筑 2-1 温度约在 550 s 时达到峰值温度 797 ℃后开始迅速下降，建筑 3-1 和建筑 3-2 的温度分别在 600 s 和 650 s 时开始升高。当风速为 4 m/s 和 6 m/s 时，建筑 1-1 温度快速升高的时间分别延后了 82 s 和 123 s，建筑 1-2 温度快速上升的时间也相对延后了 36 s 和 68 s，建筑 1-2 的温度变化也是逐渐增大但却没有了风速为 2 m/s 时的先增高后降低的变化趋势，其他各测点温度突变的时间均有所提前。同时随着风速的升高，建筑内各测点的峰值温度均有所上升。通过以上分析可知：风速的升高对于建筑群火灾横向蔓延起到了促进的作用，但对于着火建筑来说，风速的升高对于火灾纵向蔓延起到了抑制的作用；同时由于高温烟气在风的作用发生水平蔓延，并在室内造成集聚，随着风速的升高烟气的横向蔓延大于纵向蔓延导致各建筑内峰值温度上升。

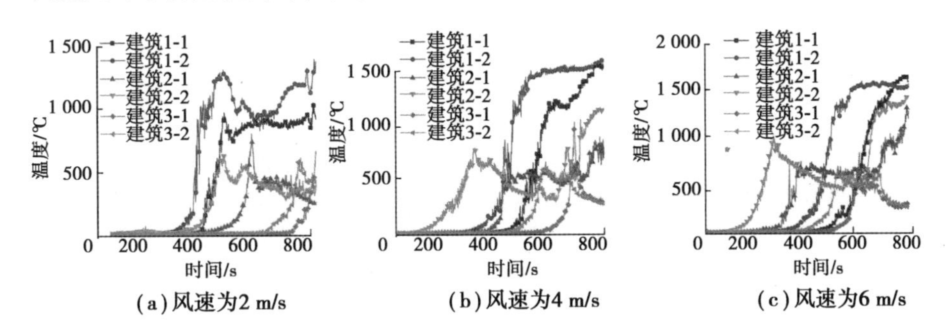

(a) 风速为2 m/s　(b) 风速为4 m/s　(c) 风速为6 m/s

图 5.6　不同风速下建筑内部温度变化

根据图 5.7 所示，风速为 2 m/s 时建筑 2 和建筑 3 外墙温度在 205 s 和 530 s 时进入快速上升阶段，建筑 2 于 420 s 时达到峰值温度 1 370 ℃后温度开始逐渐下降，建筑 3 温度于 682 s 时达到峰值温度 1 450 ℃；当风速为 4 m/s 时，建筑

2 和建筑 3 外墙温度在 84 s 和 355 s 时进入快速上升阶段，建筑 2 在 286 s 时温度达到 1 330 ℃后开始平稳变化，建筑 3 在 534 s 时达到峰值温度 1 370 ℃后开始逐渐下降；当风速为 6 m/s 时，建筑 2 和建筑 3 外墙温度在 75 s 和 309 s 时进入快速上升阶段，建筑 2 在 263 s 时达到第一个峰值温度 1 380 ℃后开始趋于平稳变化，建筑 3 在 486 s 时达到峰值温度 1 400 ℃后温度开始逐渐下降。

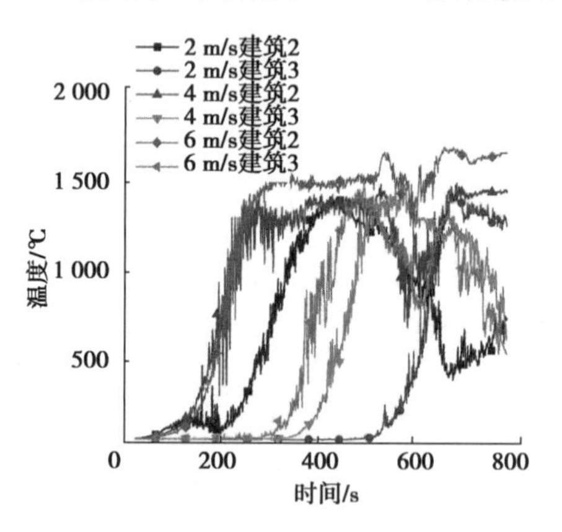

图 5.7　不同风速下建筑外墙温度变化

由温度变化可以发现，当火源设置在建筑二层时，风速对于火灾纵向向下蔓延和横向蔓延影响较大。根据温度变化数据建立不同风速时着火建筑 1 层温度开始上升所用的时间和建筑 2、建筑 3 外墙被引燃的时间差的表达式。温度变化的时间数据见表 5.1。

表 5.1　温度变化数据

风速/($m \cdot s^{-1}$)	火灾纵向向下蔓延的时间/s	建筑 2、建筑 3 外墙被引燃的时间差/s
2	351	325
4	433	271
6	474	232

风速与火灾纵向下蔓延所用时间的拟合关系式为

$$y = 292 \times x^{0.27} \tag{5.1}$$

风速与火灾横向蔓延至建筑 2、建筑 3 所用时间差的拟合关系式为

$$y=401\times x^{-0.3} \tag{5.2}$$

拟合曲线如图 5.8 和图 5.9 所示，式(5.1)和式(5.2)的拟合优度 R^2 值分别为 0.987 15 和 0.980 4。R^2 值均较为接近 1，拟合结果较好，即认为风速与建筑火灾向下蔓延的时间、与建筑火灾横向蔓延时间可用公式的关系可用拟合式(5.1)和式(5.2)来描述。

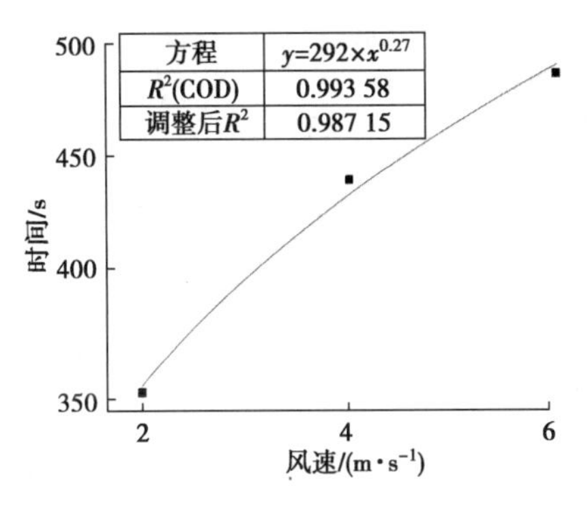

图 5.8　风速与纵向蔓延时间

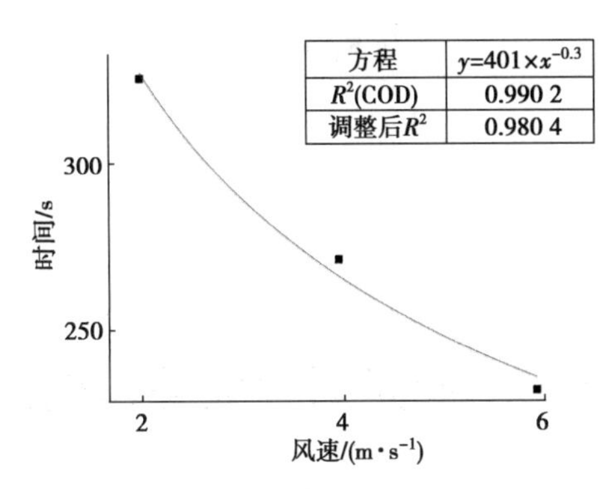

图 5.9　风速与横向向蔓延时间

5.2.4　CO 浓度变化

建筑间距为 2 m 且坡度为 0°时，根据图 5.10 所示，当风速为 2 m/s 时建筑 1-2 的 CO 浓度达到峰值点的时间早于其他房间，单个建筑内部 CO 浓度达到峰值的时间差约为 100 s，建筑 3 内的 CO 浓度约在 630 s 开始升高，各个建筑内部 CO 浓度峰值约为 0.012 mol/mol。当风速为 4 m/s 时，建筑 2-2 中 CO 浓度升高时间最早，建筑 1-2 与建筑 2-1 中 CO 浓度开始上升的时间与峰值浓度相近，这是由于风速的原因造成了烟气向右侧蔓延速度加快，同时抑制了烟气向左蔓延。当风速为 6 m/s 时，各建筑内 CO 浓度变化规律与风速为 4 m/s 时大致相同，说明当建筑间距为 2 m 时风速达到一定程度后，将不再是影响烟气传播速度的主要因素。随着风速的增大，沿风向的建筑内部烟气达到峰值浓度的时间越短，但浓度上升速率相近；根据不同风速下建筑 2-2 中 CO 浓度变化可知，相

邻建筑内部烟气浓度变化规律为升高—降低—升高，主要由于风将已燃建筑内的烟气带入未燃建筑，之后随着未燃建筑发生燃烧而产生烟气，导致 CO 浓度再度升高。

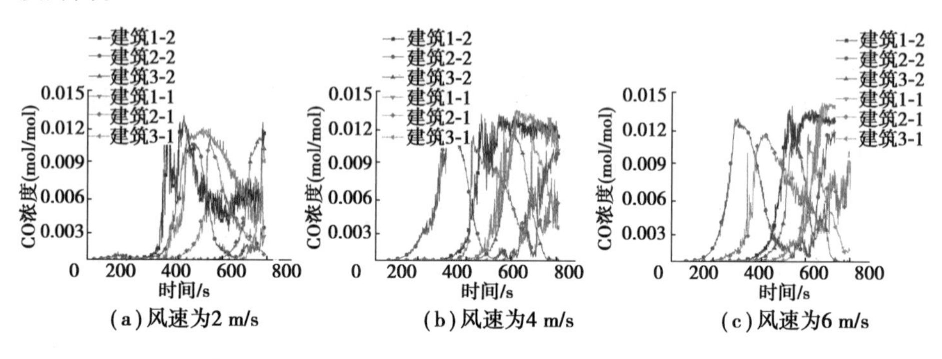

图 5.10　不同风速下建筑内部 CO 浓度变化

5.3　间距对火灾蔓延的影响

5.3.1　参数设置

设置模型风速为 4 m/s，坡度为 0°，模拟建筑间距分别为 1 m 和 3 m 时火灾蔓延，分析其蔓延过程、温度及 CO 浓度等变化情况，与 5.2 节中建筑间距为 2 m 的情况作对比。

5.3.2　火灾蔓延

根据图 5.11 所示，时间为 198.7 s 时火焰沿建筑 2 的窗口蔓延至室内；242.9 s 时，火焰从建筑 2 楼梯口处蔓延至三层；325.1 s 时，火焰完全覆盖建筑 2 的二层外墙；355.8 s 时，火焰蔓延至建筑 2 的一层，并从窗口处蔓延进入建筑 3；442.9 s 时，火焰开始蔓延至建筑 3 的一层，但是建筑 1 的一层火焰较少；552 s 时，三栋建筑全部被火焰覆盖。

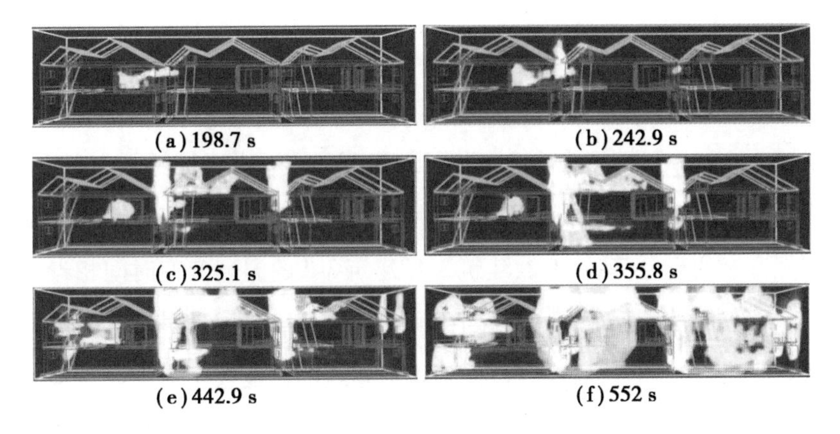

图5.11　建筑间距为1m的火灾蔓延过程

根据图5.12所示,时间为230.1 s时火焰开始引燃建筑2的外墙;324.4 s时,火焰顺着建筑2外墙向下蔓延并完全覆盖建筑2的二层外墙,同时从建筑2窗口处蔓延至室内;417.6 s时,火焰完全覆盖建筑2左侧外墙,并逐渐蔓延至建筑2右侧窗口;529.2 s时,建筑3外墙开始被引燃;689.3 s时,火焰完全覆盖建筑3的外墙,同时建筑1和建筑2内部完全充满火焰;800 s时,火焰从建筑3左侧窗口蔓延至室内,并引燃建筑3的屋顶,但建筑内其他地方并未燃烧。

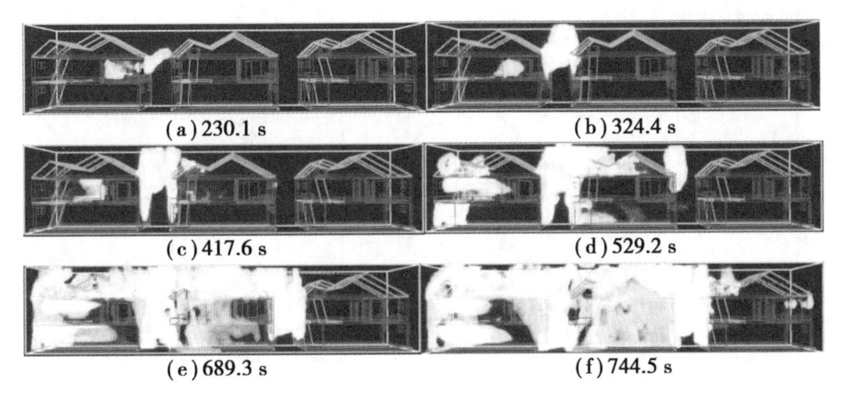

图5.12　建筑间距为3 m的火灾蔓延过程

根据火灾现象可知当风速为4 m/s时,建筑间距大于等于3 m时发生火灾蔓延首先覆盖相邻建筑的外墙,然后再从窗口处蔓延至室内,而建筑间距较小时,火焰在风速的作用下直接蔓延至相邻建筑内部,因此对于防火间距小于3 m的建筑群需要增强相关的防火措施。

5.3.3 温度变化

风速为 4 m/s 且坡度为 0°时，根据图 5.13 可知：当建筑间距为 1 m 时，在风的作用下建筑 2-2 首先测量到温度的变化，且约在 220 s 达到峰值后存在下降并突然升高的现象；建筑 1-2、建筑 3-1、建筑 3-2 的温度突变时间相近大约为 300 s，且时间都早于建筑 1-1、建筑 1-2 的温度突变时间，说明建筑两侧窗户在开启状态时，火焰在顺着风横向传播到相邻建筑的速度大于火灾在着火建筑内部的逆向传播速度；建筑 1-1、建筑 1-2 温度随着火灾的发展逐渐升高，建筑 1-2 温度在 1 500 ℃趋于平稳，建筑 1-1 在温度达到 1 500 ℃后还在逐渐升高，其他个建筑内峰值温度在 700 ~ 1 000 ℃；当建筑间距为 3 m 时，建筑 1-2 和建筑 2-2、建筑 1-1 和建筑 2-1 的温度突变时间相近，建筑 3-1 和建筑 3-2 内部温度变化时间较晚，约在 700 s 时。通过对比图 5.13 与图 5.6(b)可知，各个建筑内部温度变化趋势相同。在一定的风速和坡度下，随着建筑间距的增加建筑内部温度达到峰值的时间逐渐增大，火灾蔓延的速度逐渐变慢，说明增加建筑群之间的间距能够有效的阻止火灾的蔓延。

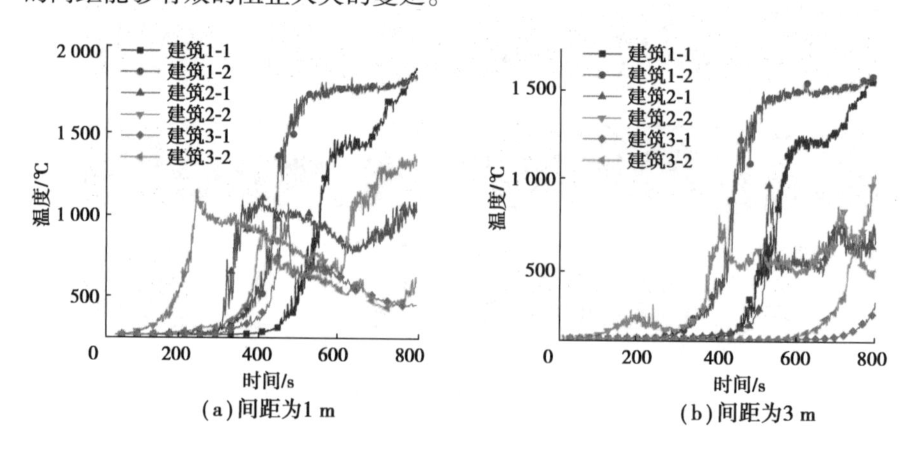

图 5.13　不同间距下建筑内部温度变化

根据图 5.14 可知，建筑间距为 1 m 时，建筑 2、建筑 3 外墙温度在 70 s 和 176 s 时进入快速升高阶段，并于 225 s 和 372 s 时达到峰值温度 1 380 ℃和 1 270 ℃；

建筑间距为 2 m 时，建筑 2 和建筑 3 外墙温度在 84 s 和 355 s 时进入快速升高阶段，并于 286 s 和 534 s 时达到峰值温度 1 330 ℃和 1 370 ℃；建筑间距为 3 m 时，建筑 2 和建筑 3 外墙温度在 97 s 和 514 s 时进入快速升高阶段，并于 406 s 和 698 s 时达到峰值温度 1 310 ℃和 1 400 ℃；不同建筑间距下，建筑 2 外墙温度开始平稳变化后都存在一个先下降后回升的过程，且随着间距的增加开始下降至回升至原温度的时间越来越短。

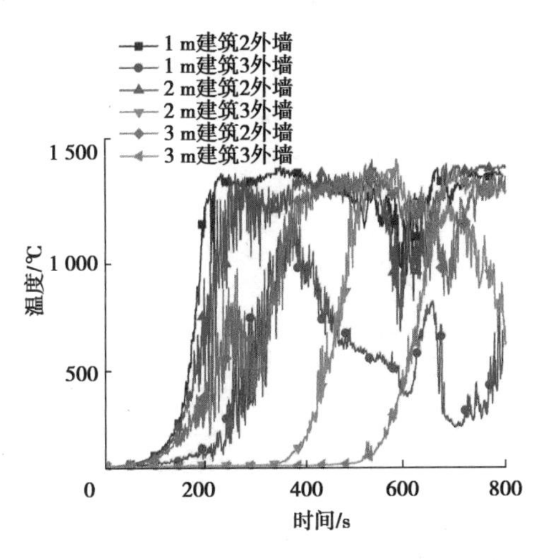

图 5.14　不同间距下建筑外墙温度变化

由温度变化可以发现，建筑间距对于火灾横向蔓延影响较大。根据温度变化数据建立不同建筑间距时建筑 2、建筑 3 外墙被引燃时间差的表达式。时间变化数据见表 5.2。

表 5.2　时间变化数据

建筑间距/m	建筑 2、建筑 3 外墙被引燃的时间差/s
1	106
2	271
3	404

得到建筑间距与火灾横向蔓延至建筑 2、建筑 3 所用时间差的拟合关系式为

$$y=116\times x^{1.14} \tag{5.3}$$

式(5.3)的拟合优度 R^2 值为0.985 52。R^2 值均较为接近1，拟合结果(图5.15)较好，即认为建筑间距与建筑火灾横向蔓延时间公式的关系可用拟合式(5.3)来描述。

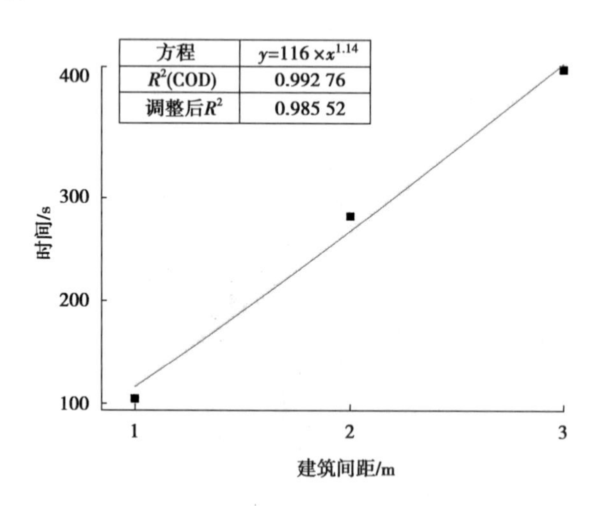

图5.15　建筑间距与横向蔓延时间

5.3.4　CO浓度变化

当风速为4 m/s且坡度为0°时，根据图5.16与图5.10(b)可知，不同建筑间距中各个建筑内部CO浓度变化规律大致相同，其峰值点浓度相近约为0.012 mol/mol。建筑1-1和建筑1-2中CO浓度随时间变化逐渐上升至峰值后开始平稳变化，但其他测点处CO浓度在上升至峰值浓度后均会有下降的趋势；同时随着建筑间距的增加，建筑1-2与建筑2-2中CO浓度上升的时间差逐渐缩短，可以预测到当建筑间距增大到一定程度时，着火建筑内部的CO浓度变化时间会早于相邻建筑。建筑3-1和建筑3-2中CO浓度达到峰值点所需要的时间差逐渐增加，建筑间距越大建筑内部CO的浓度变化越缓慢。

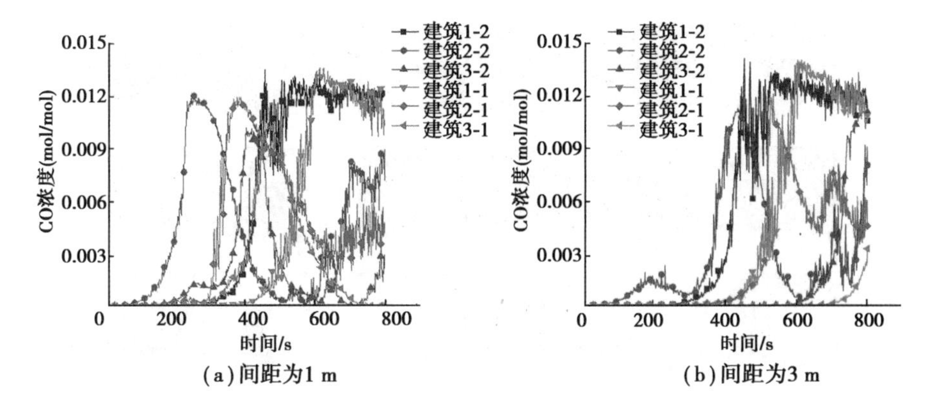

图 5.16　不同间距下建筑内部 CO 浓度变化

5.4　坡度对火灾蔓延的影响

5.4.1　参数设置

设置模型风速为 4 m/s，建筑间距为 2 m，模拟建筑间坡度分别为 15°和 30°时火灾蔓延，分析其蔓延过程、温度及 CO 浓度等变化情况，与 5.2 节中坡度为 0°的情况作对比。

5.4.2　火灾蔓延

根据图 5.17 所示，时间为 225.8 s 时火焰从建筑 1 窗口处喷出蔓延至建筑 2 内；256.6 s 时，火焰蔓延过建筑 2 的二层内部并从窗口处窜出；342.3 s 时，火焰占据了建筑 2 的三层面积的一半，同时开始引燃建筑 3 二层的外墙；471.2 s 时，火焰覆盖建筑 1 的外墙并开始向建筑 1 的一层内部蔓延，同时从建筑 3 窗口处向室内蔓延；584.1 s 时，建筑 1 和建筑 2 内部充满火焰；629.1 s 时，三栋建筑内部全部被火焰覆盖。

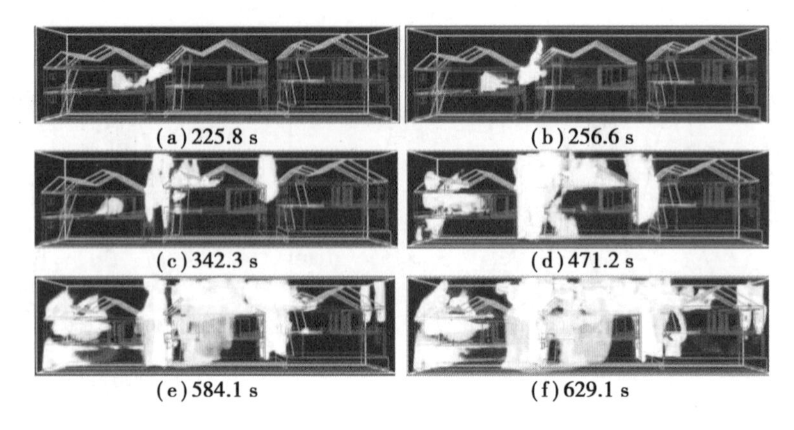

图 5.17　建筑坡度为 15°的火灾蔓延过程

根据图 5.18 所示,时间为 270.2 s 时火焰覆盖了建筑 2 的二层墙面,并从窗口处蔓延至室内;333.7 s 时,火焰覆盖了建筑 2 整个侧墙面及建筑 2 的二层;431.8 s 时,火焰占据了建筑 1 的二层,同时开始引燃建筑 3 的外墙;505.2 s 时,火焰蔓延至建筑 3;568.7 s 时,建筑 1 和建筑 2 的二层完全被火焰覆盖;753.7 s 时,建筑 3 的一层还未发生燃烧,其他建筑均已完全燃烧。

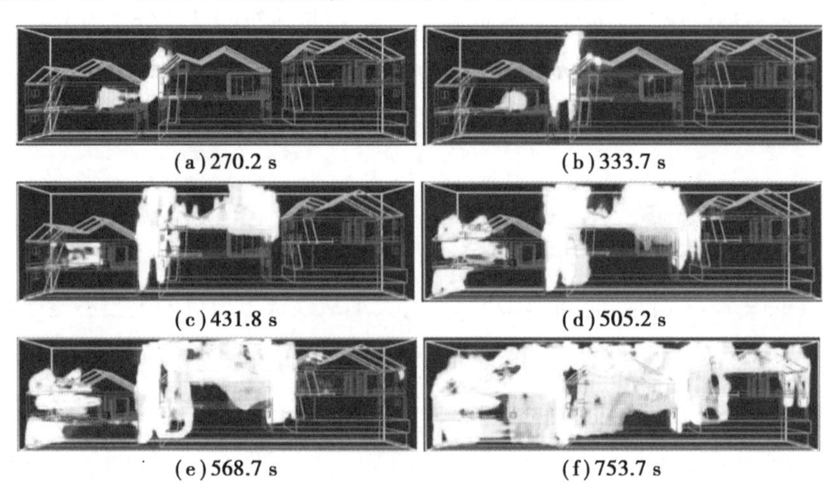

图 5.18　建筑坡度为 30°的火灾蔓延过程

根据火灾蔓延现象可知,当环境风速和建筑间距一定时,环境坡度为 15°比处于平缓地带的建筑更有利于火灾的蔓延,当环境坡度增加到 30°时,对火灾的蔓延会起到抑制的作用。

5.4.3　温度变化

风速为 4 m/s 且间距间距为 2 m 时，根据图 5.19 可知：建筑之间的坡度为 15°时，建筑 2-2 的温度约在 230 s 时达到峰值 760 ℃之后开始缓慢下降，随之建筑的进一步燃烧其温度开始上升；建筑 2-1 的温度在较短的时间内达到峰值温度约在 930 ℃后迅速下降，建筑 3-1 和建筑 3-2 温度变化趋势相同，都是在短时间内突然升高后缓慢下降；对比图 5.19 和图 5.6(b)可知，各建筑内部测点温度变化规律相同，环境坡度在从 0°增加到 15°时，各建筑内温度达到峰值温度的时间提前，而环境坡度从 15°增加到 30°时，各建筑内温度达到峰值温度的时间延后。

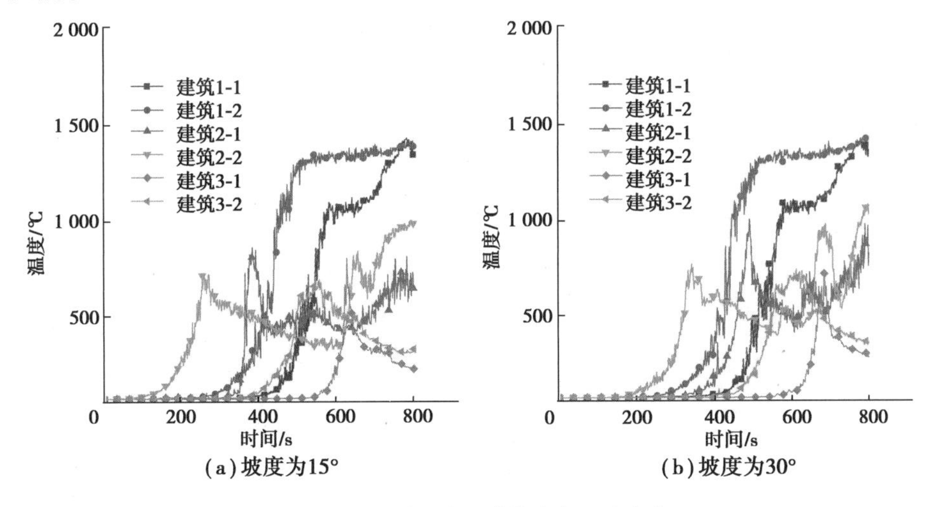

图 5.19　不同坡度下建筑内部温度变化

根据图 5.20 可知，不同环境坡度下的建筑 2 外墙温度变化时间与峰值温度均相同，均约在 100 s 时开始大幅度上升并于 260 s 时达到峰值温度，峰值温度约为 1 400 ℃，达到峰值温度后开始平缓变化波动区间在 1 200 ~ 1 400 ℃；当环境坡度为 0°时，建筑 3 外墙温度在 355 s 时开始上升并于 534 s 时达到峰值温度；当环境坡度为 15°时，建筑 3 外墙温度在 307 s 时开始上升并于 472 s 时达到峰值温度；当环境坡度为 30°时，建筑 3 外墙温度在 402 s 时开始上升并于 566 s 时达到峰值温度；建筑 3 外墙峰值温度约为 1 350 ℃。当建筑之间的坡度在

0°～15°时，对火灾的横向蔓延有促进作用；当建筑之间的坡度在15°～30°时，对火灾的横向蔓延有抑制作用。

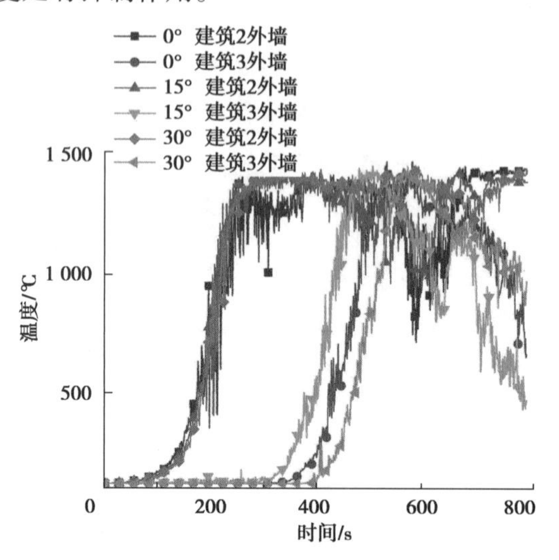

图 5.20　不同坡度下建筑外墙温度变化

5.4.4　CO 浓度变化

当风速为 4 m/s 且建筑间距为 2 m 时，根据图 5.21 与图 5.10(b) 可知，不同坡度下各建筑内部 CO 浓度变化规律相近，且各层 CO 浓度达到峰值点的时间也基本保持相同，故可认为坡度的变化对于 CO 的传播基本无影响。

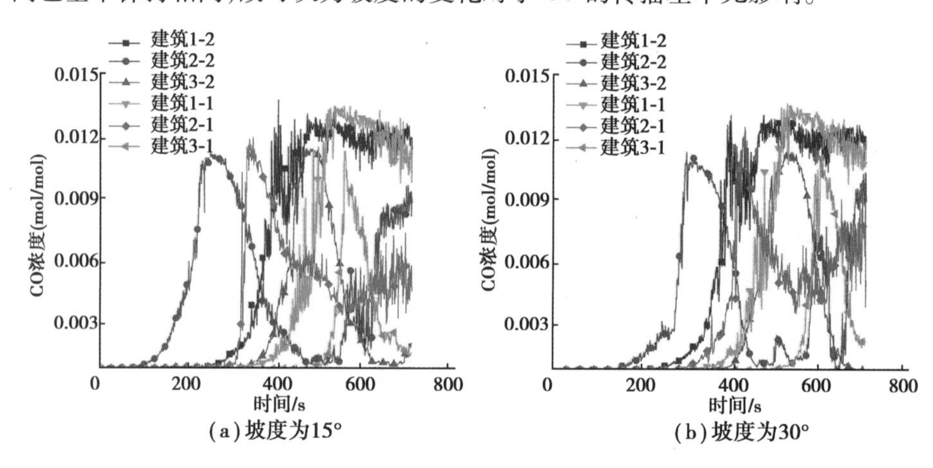

图 5.21　不同坡度下建筑内部 CO 浓度变化

5.5　中间木结构建筑起火火灾蔓延研究

5.5.1　火灾现象

防火分区形状为矩形时，其火灾蔓延过程如图5.22所示。通过观察火灾蔓延过程可知当171.2 s时火焰在着火点局部燃烧，由于重力作用火焰向上蔓延；火灾进行到298.1 s时，木结构建筑内其他可燃物开始被引燃；455.1 s时，火焰在着火点所在的中间木结构建筑内蔓延；520.9 s时中间木结构建筑下方两个木结构建筑因为热辐射作用开始被引燃；606.1 s时上方两木结构建筑也开始被引燃；整个矩形防火区域在1 021.4 s时开始全面燃烧，火焰在整个矩形防火分区内蔓延。

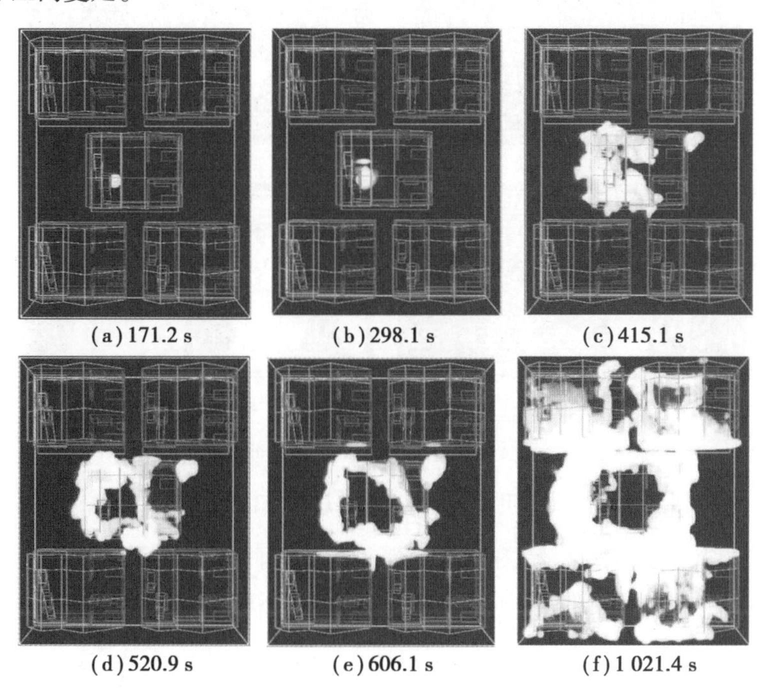
(a) 171.2 s　(b) 298.1 s　(c) 415.1 s
(d) 520.9 s　(e) 606.1 s　(f) 1 021.4 s

图5.22　矩形防火分区火灾蔓延过程

防火分区形状为梯形时，其火灾蔓延过程如图 5.23 所示。根据火灾模拟现象可知在 170.3 s 时着火点处燃烧；310 s 后火焰开始引燃房间内其他可燃物；在 422.5 s 时可观察到火焰充斥了着火点所在的整个建筑物；483.2 s 时火焰首先蔓延至左侧木结构建筑；在 625.8 s 时右侧建筑物及上方两个木结构建筑均开始被引燃；整个梯形防火分区在 1 068 s 时全面开始燃烧，每个建筑物内都充斥火焰。

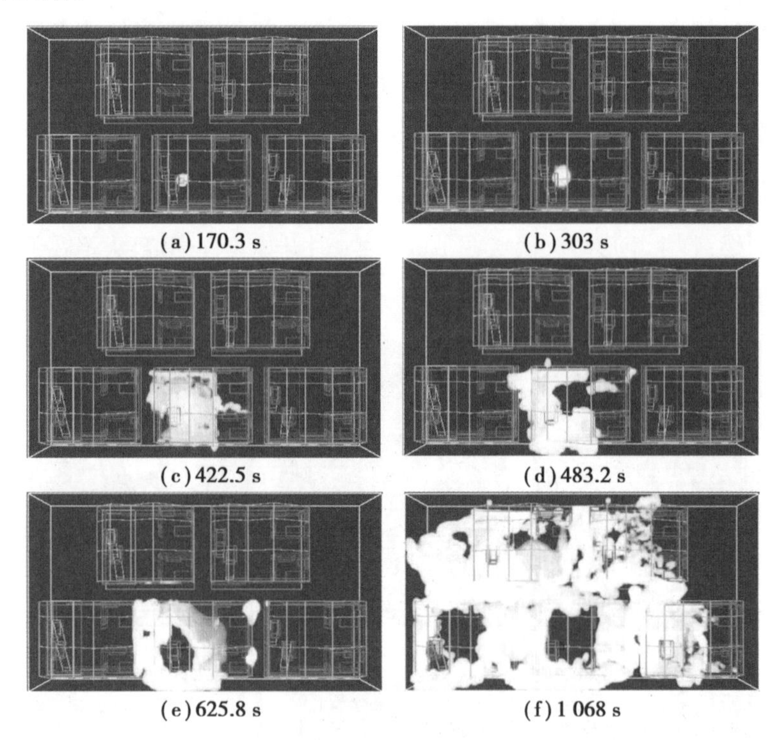
(a) 170.3 s　(b) 303 s
(c) 422.5 s　(d) 483.2 s
(e) 625.8 s　(f) 1 068 s

图 5.23　梯形防火分区火灾蔓延过程

防火分区形状为圆弧形时，其火灾蔓延过程如图 5.24 所示。依据模拟过程可知在开始燃烧及引燃室内其他可燃物所用时间与上述两种情况所用时间相近，在 417.6 s 时火焰在着火建筑内大量蔓延；由于外界风作用在 490.4 s 时首先引燃左侧木结构建筑；633.5 s 时右侧木结构建筑也被引燃；火灾模型运行至 1 001.6 s 时火焰已吞没 3 个木结构建筑，并相继引燃最外侧两个木结构建筑；当模型运行完成时（1 200 s）火焰吞没了 4 个木结构建筑，最右侧木结构建筑未被火焰完全吞噬。

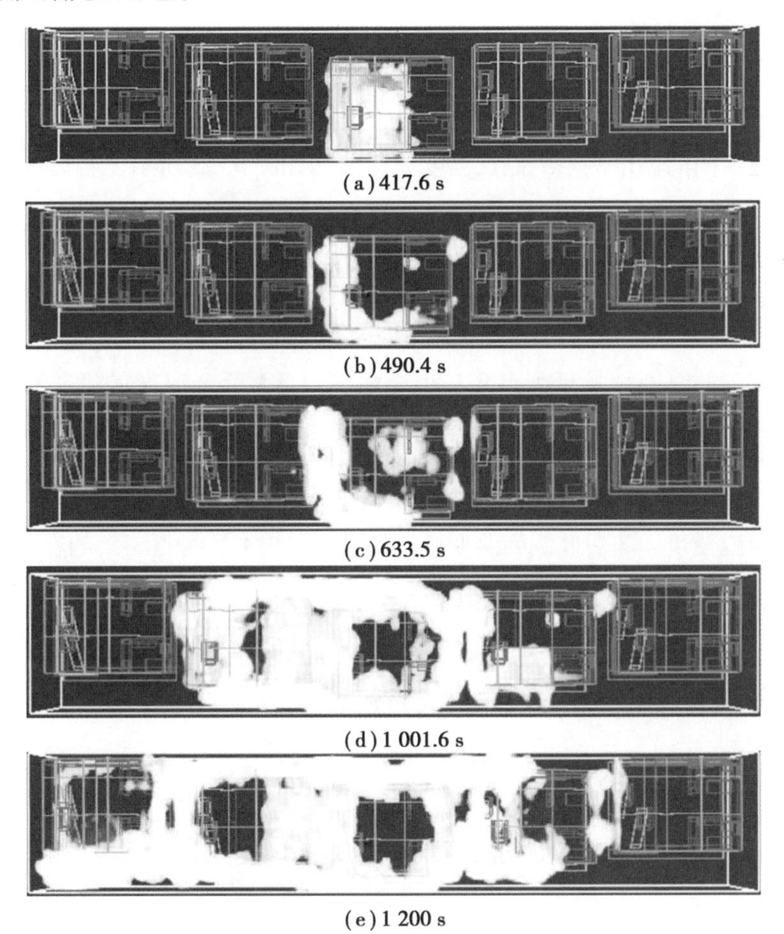

(a) 417.6 s

(b) 490.4 s

(c) 633.5 s

(d) 1 001.6 s

(e) 1 200 s

图5.24　圆弧形防火分区火灾蔓延过程

对这三种不同形状的防火分区中发生的火灾进行比较，可发现在矩形防火分区内火焰充斥整个防火分区所需时间较短，而圆弧形防火分区在火灾模型运行时间内火灾未完全使5个建筑至于火焰下。这是由于着火建筑被火焰吞噬后，以自身为圆心向周围释放热辐射，矩形防火分区中所有木结构建筑都能被其释放的热辐射所影响，而圆弧形防火分区最外侧两个木结构建筑是由两个被引燃木结构建筑引燃的，因此圆弧形防火分区要达到区域内全部燃烧所需时间较长。

5.5.2 温度分析

对矩形防火分区内木结构建筑由下到上由左到右依次进行 1—5 的编号。取两两建筑间的温度测点绘制出温度变化曲线如图 5.25 所示。着火建筑位于中间,其编号为 3。各测点位于房檐处,位置较高,火焰首先引燃各建筑后再向上蔓延。着火点开始燃烧后约在 600 s 时位于各建筑外墙房檐处的测点监测到温度的上升,最先开始监测到温度变化的为测点 3-1 及测点 3-2,测点 3-2 监测到温度变动的时间稍早于测点 3-1,但随后测点 3-1 上升速度远超过测点 3-2。这是由于着火木结构建筑燃烧后周围的测点都开始监测到温度上升,位置不同的测点会稍有偏差,木结构建筑 1 位于下风口,火焰会更多向此处蔓延,因此温度上升速度较快。随后监测到温度变化的为测点 3-4 及测点 3-5,约在 700 s 时开始监测到温度波动,测点 3-4 温度上升较快。900 s 后测点 1-2 及测点 4-5 开始监测到温度变化,除着火建筑外其他建筑内部也开始引燃,火焰蔓延至建筑 1-2 与建筑 4-5 之间。建筑间最高温度可达约 1 653 K。

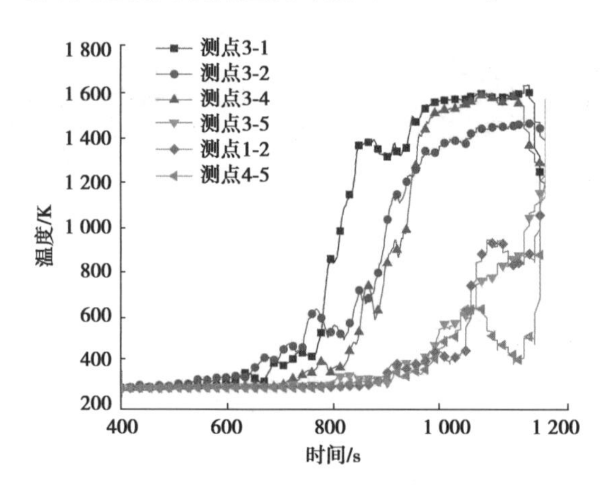

图 5.25 矩形两两建筑间温度变化曲线

分别在各建筑中部取温度测点绘制出温度变化曲线如图 5.26 所示。着火点开始燃烧后,其上方测点约在 100 s 时监测到温度上升。着火建筑内测点在 425 s 时监测到峰值温度,随后温度开始下降。火灾发展至 900 s 后各建筑内部开始燃烧,房间上方的温度监测点处的温度也开始上升。根据温度曲线来看建筑 5 内最先开始监测到温度上升,随后建筑 2、建筑 4 内温度也开始上升,最后在建筑 1 内监测到温度上升现象。建筑内部最高温度可达约 1 510 K。

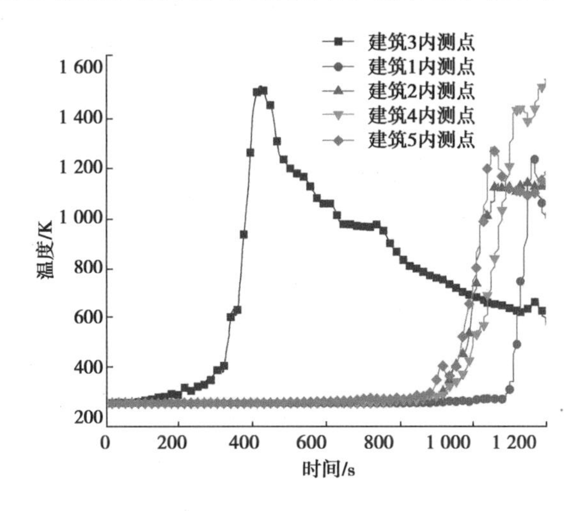

图 5.26　矩形各建筑内温度变化曲线

对梯形防火分区内木结构建筑由下到上由左到右依次进行 1—5 的编号,着火建筑位于中部,其编号为 2。根据两两建筑间的温度测点数据绘制出温度变化曲线如图 5.27 所示。建筑 1 位于着火建筑的下风口,火焰蔓延较快,因此约在 200 s 时测点 2-1 监测到温度变化。随后约 890 s 时测点 2-3 处温度开始上升,测点 2-4 及测点 2-5 监测到温度波动的时间相差不大,约为 887 s 时。在 1 000 s 时建筑 4 与建筑 5 之间的测点也开始监测到温度,意味着两木结构建筑内已燃烧一段时间,火焰由建筑内蔓延出来。建筑间最高温度可达约 1 593 K。

根据各建筑内位于热烟气层的温度测点数据生成温度变化曲线如图 5.28 所示。着火点燃烧后,其上方热烟气层温度在 120 s 时监测到温度变化,在 488 s 时出现温度峰值后开始将下降。建筑 4 内最先开始蔓延至建筑中部,随后建筑 1 和建筑 3 内部也开始蔓延,建筑 1 内温度上升较快。最后在建筑 5 内中部热烟气层的测点监测到温度变化。主要因为着火建筑位于中部,风向沿 $-x$,建筑 4 受建筑 1、建筑 2、建筑 5 的热辐射作用,由于位于下风口,其建筑内火灾蔓延较为剧烈。建筑中部热烟气层温度最高约为 1 507 K。

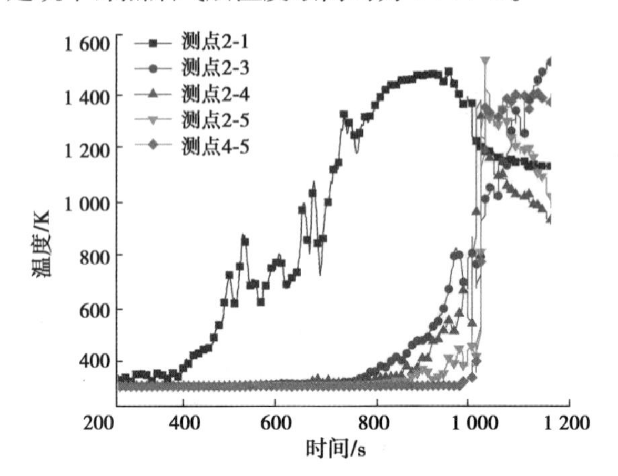

图 5.27　梯形两两建筑间温度变化曲线

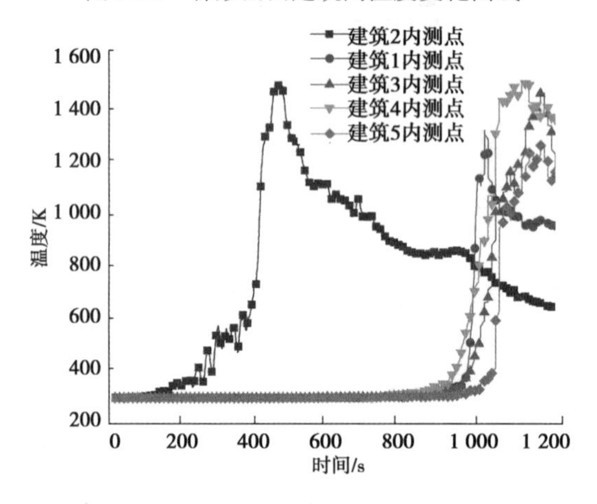

图 5.28　梯形各建筑内温度变化曲线

对圆弧形防火分区内木结构建筑由右到左依次进行 1-5 的编号，着火建筑编号为 3。取两两木结构建筑间的温度测点提取数据绘制成如图 5.29 所示温度变化曲线。353 s 时在着火建筑及建筑 4 之间的测点监测到温度上升，795 s 时在着火建筑与建筑 2 间发现温度上升趋势，随后在建筑 4 与建筑 5 间监测到温度变化，最后在建筑 2 与建筑 1 间监测到温度变化。由于风向沿 $-x$ 方向，风由建筑 1 吹向建筑 5，因此在着火建筑与建筑 4 之间最先监测到温度上升，待建筑 4 完全燃烧后在建筑 4 与建筑 5 之间监测到温度上升。建筑 2 在建筑 3 右侧,但由于风向以及建筑内火灾荷载的布局问题在着火建筑与建筑2间监测到温度变化的时间相对滞后,从而导致测点3-1监测到温度变化的时间也比较晚。两建筑间最高温度约为1 587 K。

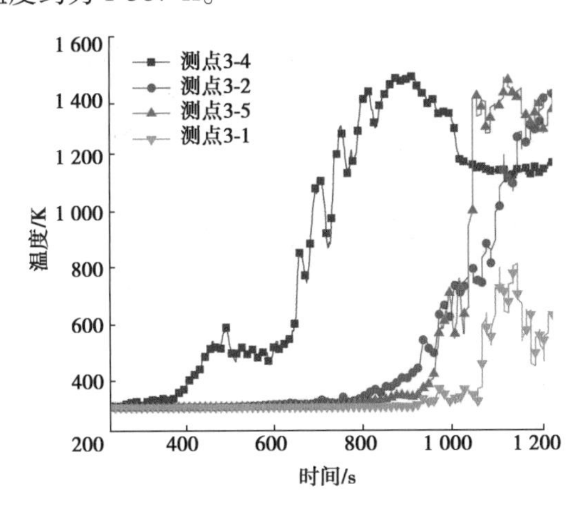

图5.29　圆弧形两两建筑间温度变化曲线

根据建筑内热烟气层处温度测点绘制出温度变化曲线如图5.30所示。通过观察圆弧形防火分区内火灾发展过程可知,着火建筑燃烧后首先蔓延至建筑4,但由于建筑内布局的影响建筑2与建筑4中部热烟气层监测到温度的时间较为接近,且建筑2的时间在前。待建筑4完全燃烧后建筑5才开始被引燃,在1 152 s时监测到温度变化。火焰蔓延至建筑1外墙,但并未在运行时间内造成建筑1完全燃烧,因此建筑1内热烟气层处测点未监测到温度的明显波动。各建筑内监测到的最高温度为1 398 K。

通过对不同位置的温度曲线进行分析,可知在建筑内部监测到的最高热烟气层温度为1 510 K。建筑间监测到的热烟气层最高温度为1 653 K。这两种情况均发生在矩形防火分区内。通过各温度曲线图的对比可知矩形防火分区中给建筑间监测到温度上升所用时间较短,在建筑内监测到温度上升的时间也较早,而圆弧形防火分区内有一个建筑内未监测到温度变化。由此可知圆弧形防火分区在着火点位于中间木结构时的火灾蔓延速度较慢,其防火效果较好。

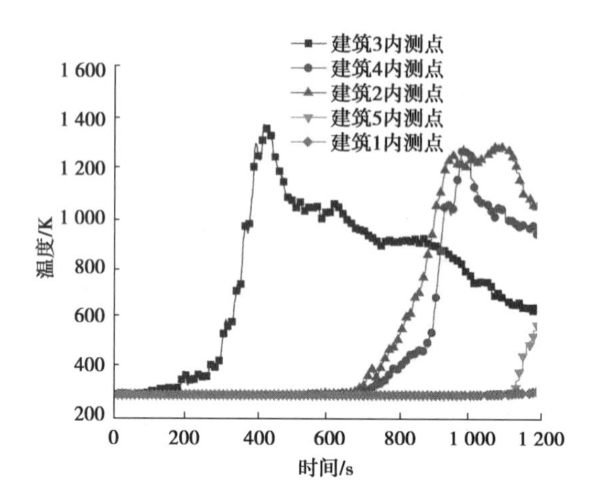

图 5.30　圆弧形各建筑内温度变化曲线

5.5.3　CO 浓度分析

火灾会产生大量 CO，被人体吸入后会造成人员窒息或中毒。在矩形防火分区中，取各建筑间的 CO 测点生成如图 5.31 所示的 CO 浓度变化曲线。排除引燃放热与 CO 释放，由于在模拟过程中火焰的传播与热辐射和风速有关，CO 的蔓延与风速及开口有关，因此 CO 浓度变化曲线与温度变化曲线有所不同。在 668 s 时测点 3-1 与测点 3-2 都监测到 CO 的存在，随后测点 3-4 开始有 CO 浓度上升趋势，而测点 3-5、测点 1-2、测点 4-5 大约同时出现 CO 浓度的波动。在建筑间监测到的 CO 浓度最高值为 0.011 9 mol/mol。

根据各建筑内热烟气层处 CO 测点测得数据绘制出 CO 浓度变化曲线如图 5.32 所示。

在着火建筑内监测到 CO 浓度变化的时间约为 100 s，并于 463 s 时出现 CO 浓度峰值，随后开始出现下降。建筑 2、建筑 4 及建筑 5 监测到 CO 浓度变化的时间相差不大，约为 900 s，而建筑 1 内监测到 CO 浓度变化的时间比较滞后，约为 1 103 s。这是由于每个建筑右侧窗户的开口较小，从而使 CO 流动较慢。在各建筑内监测到热烟气层中 CO 浓度峰值为 0.012 8 mol/mol。

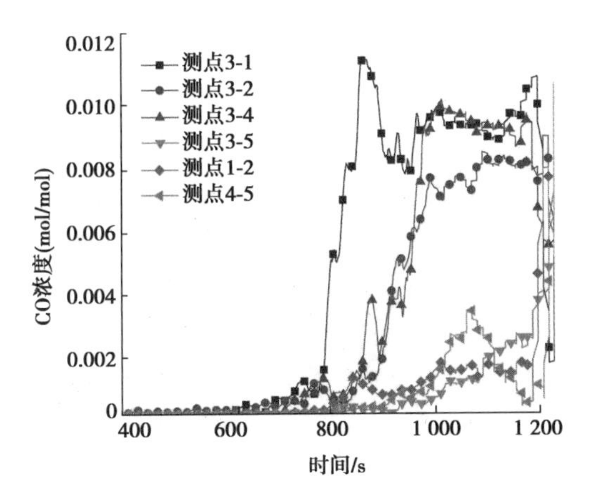

图 5.31　矩形两两建筑间 CO 浓度变化曲线

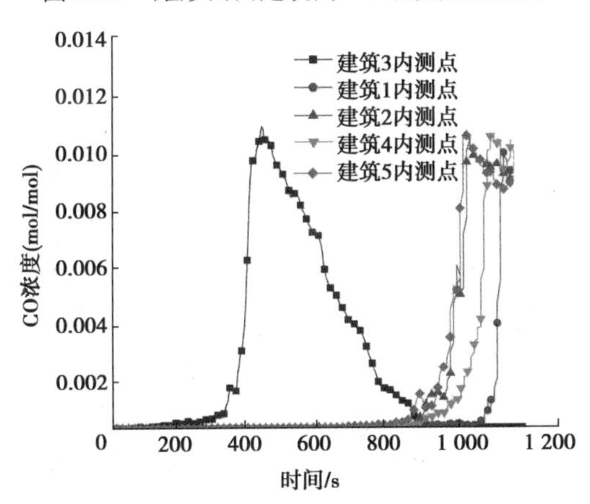

图 5.32　矩形各建筑内 CO 浓度变化曲线

在梯形防火分区内，取建筑间 CO 浓度测点绘制 CO 浓度变化曲线如图 5.33 所示。测点 2-1 监测到 CO 浓度波动的时间较早，随后约在 800 s 时达到 CO 浓度峰值，与此同时，测点 2-3 处监测到 CO 浓度变化；测点 2-4 及测点 2-5 于 912 s 时监测到浓度变化；测点 4-5 监测到 CO 浓度变化的趋势较为滞后。各建筑间 CO 浓度峰值约为 0.010 7 mol/mol。

根据各建筑中部热烟气层处 CO 浓度监测点数据绘制出 CO 浓度变化曲线如图 5.34 所示。

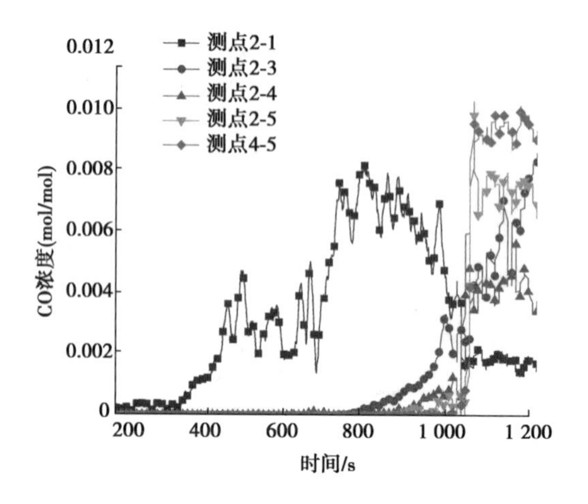

图 5.33　梯形两两建筑间 CO 浓度变化曲线

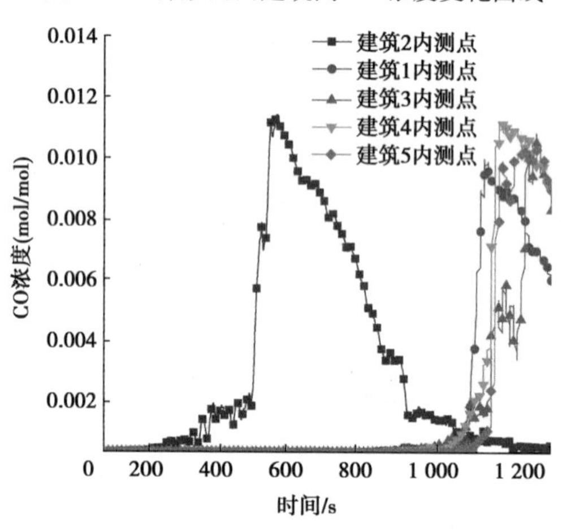

图 5.34　梯形各建筑内 CO 浓度变化曲线

毋庸置疑，由于着火点位于建筑 3 内，因此其热烟气层处测点最先监测到 CO 浓度的上升，并在 472 s 达到峰值。建筑 1、建筑 2、建筑 4 及建筑 5 内监测到 CO 浓度变化的时间较为相近，建筑 5 内热烟气层测点监测到 CO 浓度的时间相对来说滞后一些。在梯形防火分区中各建筑内热烟气层处 CO 浓度峰值约为 0.012 6 mol/mol。

在圆弧形防火分区内，根据各建筑间房檐处 CO 浓度测点数据生成 CO 浓度变化曲线如图 5.35 所示。圆弧形防火分区内 CO 浓度变化较为简单，建筑 3

中存在着火点风由右吹向左,因此测点 3-4 首先监测到 CO 浓度变化,1 023 s 时建筑 4 已经完全燃烧,测点 4-5 可监测到浓度变化,随后测点 3-2 出现了 CO 浓度波动,在测点 2-1 未监测到明显的 CO 浓度变化。圆弧形防火分区中建筑间 CO 浓度峰值为 0.008 6 mol/mol。

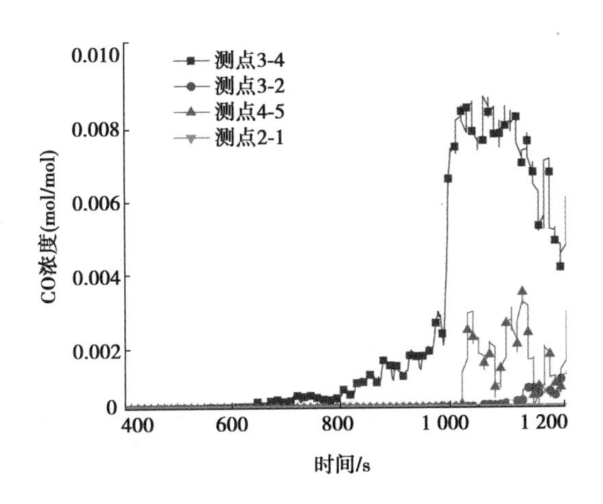

图 5.35　圆弧形两两建筑间 CO 浓度变化曲线

各建筑内热烟气层温度变化曲线如图 5.36 所示。在着火建筑内于 400 s 时监测到 CO 浓度的峰值,随后 CO 浓度开始下降。由于建筑结构的原因,建筑 4 与着火建筑相邻的区域开口较小,因此在建筑 4 内监测到 CO 浓度的时间要晚于在建筑 2 内监测到 CO 浓度的时间。约在 1 130 s 时建筑 5 内热烟气层测点处出现 CO 浓度变化。在圆弧形防火分区中建筑 1 未完全燃烧,因此在该建筑内未监测到 CO 浓度变化。各建筑内热烟气层处 CO 浓度最高值约为 0.012 mol/mol。

通过对 CO 浓度变化曲线的分析,可知在建筑间监测到的最高热烟气层 CO 浓度为 0.011 9 mol/mol。建筑内部监测到的热烟气层最高 CO 浓度为 0.012 8 mol/mol。这两种情况均出现在矩形防火分区内。矩形防火分区及梯形防火分区内所有建筑内均监测到 CO 浓度变化,而圆弧形防火分区内建筑 1 中未监测到 CO 浓度变化。由此可知圆弧形防火分区在着火点位于中间木结构时的火灾蔓延速度较慢,其防火效果较好。

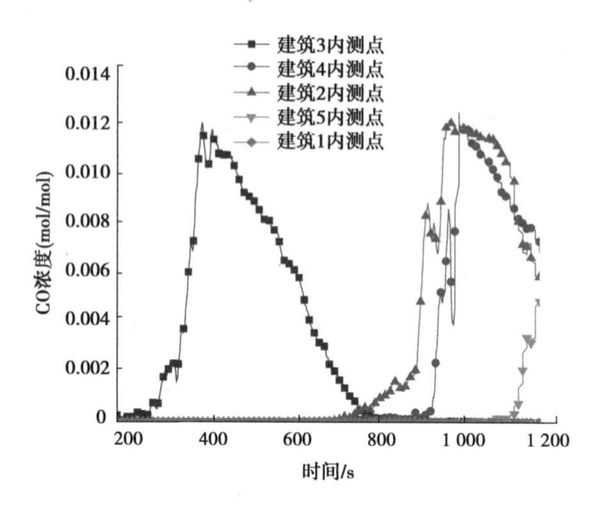

图 5.36　圆弧形各建筑内 CO 浓度变化曲线

5.6　边角木结构建筑起火火灾蔓延研究

5.6.1　火灾现象

防火分区形状为矩形时，其火灾蔓延过程如图 5.37 所示。根据火灾蔓延过程，383.7 s 时着火建筑完全燃烧；在 453.3 s 时火焰蔓延至其左侧木结构建筑；615.3 s 使左侧木结构建筑外墙被引燃，并且是中间的木结构建筑有被引燃趋势；972.3 s 时下方两个木结构建筑及中间的木结构建筑全部被火焰吞噬；火灾模型运行至 1 156.5 s 时，最上方两个木结构建筑开始出现被引燃的趋势；在 1 387.1 s 时，整个矩形防火分区内的 5 个木结构建筑全部被火焰吞噬。

防火分区形状为梯形时，其火灾蔓延过程如图 5.38 所示。观察其火灾蔓延过程可发现在 492.3 s 时火焰在开始引燃着火建筑左侧的木结构建筑；于 652.2 s 时引燃着火建筑左上方一个木结构建筑；945 s 时可观察到整个梯形防火分区内有三个木结构建筑在剧烈燃烧；985.7 s 时剩余两个木结构建筑也开始被引燃；整个梯形防火分区被引燃发生在 1 206 s。

防火分区形状为圆弧形时，其火灾蔓延过程如图5.39所示。有如下火灾蔓延过程：在482.2 s时火焰开始向第一个木结构建筑蔓延；987 s时第二个木结构建筑内火焰开始全面燃烧；1 052.6 s时第三个木结构建筑开始有被引燃的趋势；1 114.2 s时第三个木结构建筑被火焰吞噬；随后火灾模型运行至1 140.6 s开始向第四个木结构建筑蔓延；截至火灾模型运行完(1 500 s)第四个木结构建筑完全燃烧，第五个木结构建筑已被引燃但未完全燃烧。

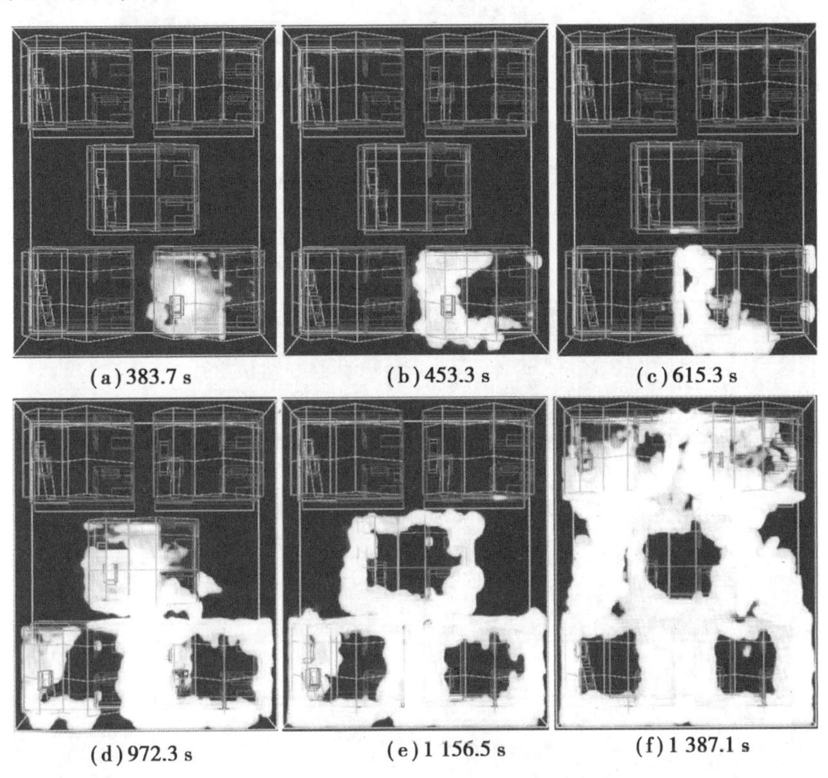
(a)383.7 s (b)453.3 s (c)615.3 s
(d)972.3 s (e)1 156.5 s (f)1 387.1 s

图5.37 矩形防火分区火灾蔓延过程

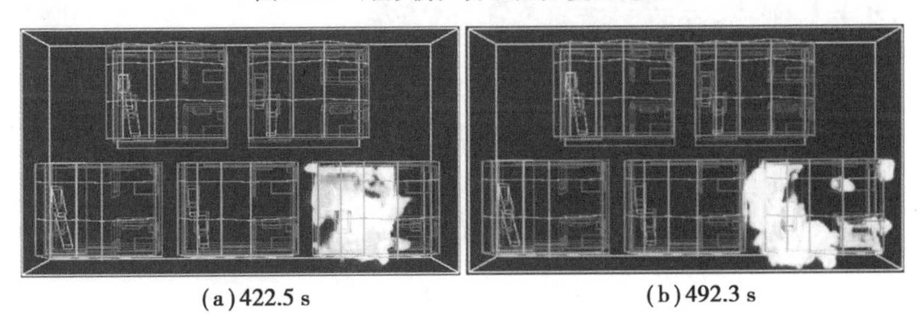
(a)422.5 s (b)492.3 s

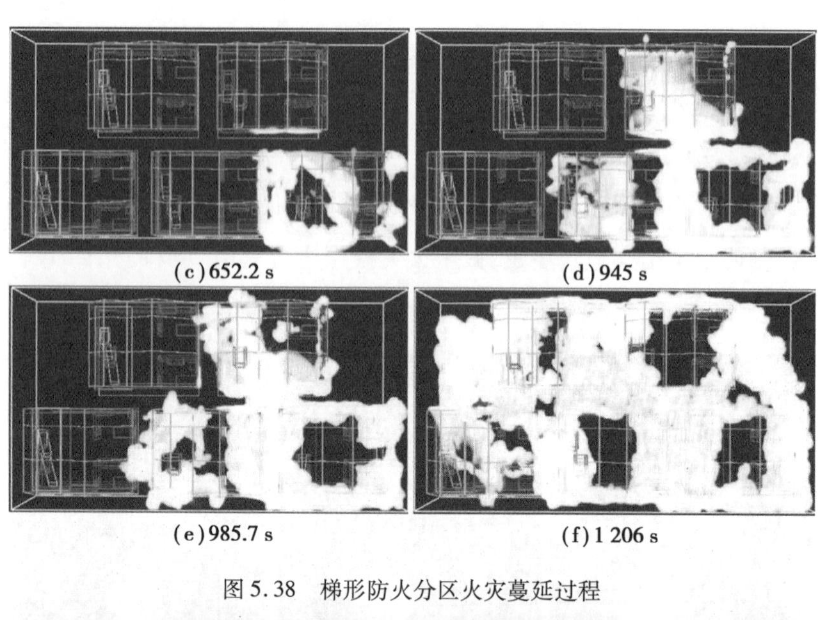

(c)652.2 s　　(d)945 s

(e)985.7 s　　(f)1 206 s

图 5.38　梯形防火分区火灾蔓延过程

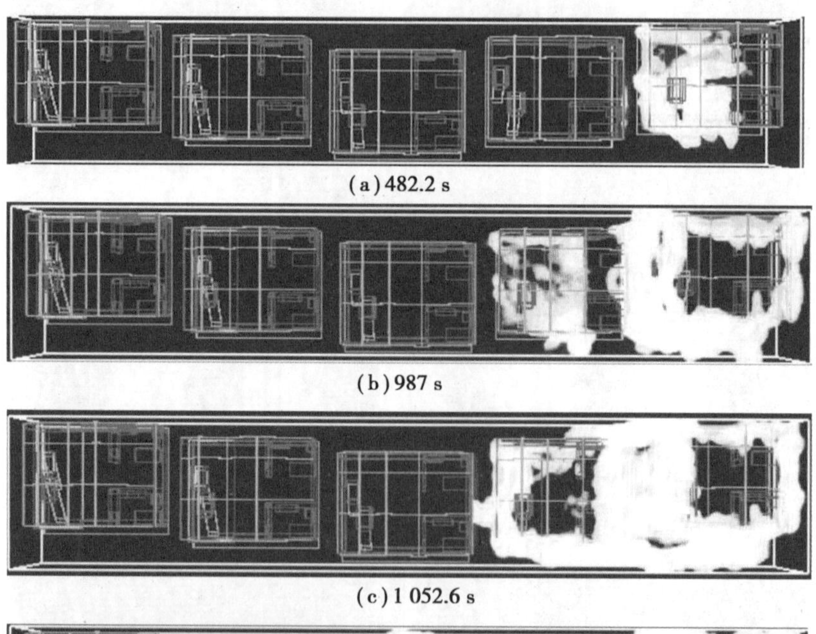

(a)482.2 s

(b)987 s

(c)1 052.6 s

(d)1 114.2 s

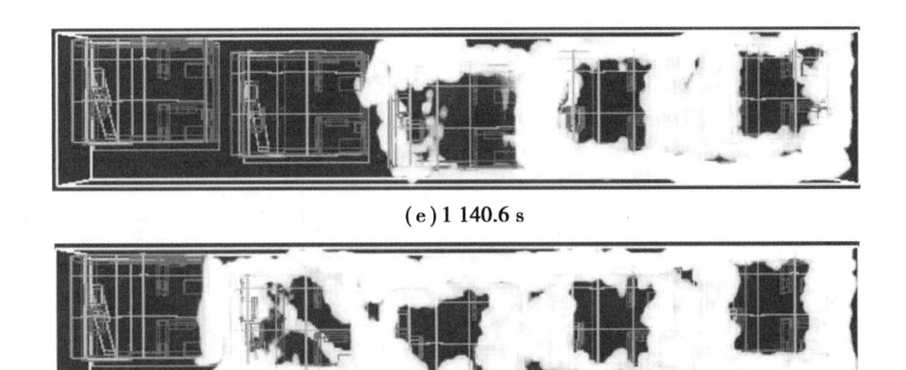

(e) 1 140.6 s

(f) 1 500 s

图 5.39　圆弧形防火分区火灾蔓延过程

通过上述火灾蔓延过程的分析，其中梯形防火分区内全面燃烧所需时间最短，圆弧形防火分区内木结构建筑群全面燃烧所需时间最长，矩形防火分区全面燃烧所用时间介于两者之间。这是由于着火点设置在边角的木结构吊脚楼内梯形防火分区有两排木结构建筑，着火建筑引燃其他木结构建筑后热辐射面积增大，同时由于风速作用火焰易向左蔓延因此所用时间较短。而圆弧形防火分区由于只有一排，只能进行一个接一个地引燃，因此所用时间较长。

5.6.2　温度分析

矩形防火分区内，边角处木结构建筑起火，其编号为2。取两两建筑间的热烟气层处温度测点绘制出温度变化曲线如图 5.40 所示。着火建筑燃烧后火焰首先蔓延至建筑1，然后蔓延至建筑3，火焰窜出建筑1 后也向建筑3 蔓延，最后将建筑4 以及建筑5 引燃。因此约在 150 s 测点 2-1 首先监测到温度上升趋势，之后测点 2-3 监测到温度波动，随后测点 1-3 也监测到温度变化，最后在测点 3-4、测点 3-5、测点 4-5 监测到温度上升，时间大约为 1 173 s。建筑间热烟气层温度最高值为 1 596 K。

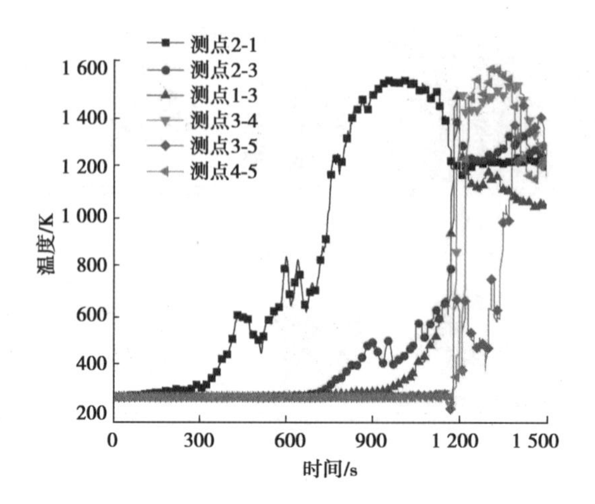

图 5.40　矩形两两建筑间温度变化曲线

取各建筑内热烟气层处测点绘制出建筑内部的温度变化曲线如图 5.41 所示。着火建筑首先开始全面燃烧,随后建筑 3 由于受到建筑 1 及建筑 2 的热辐射开始全面燃烧,建筑 3 内测点监测到温度变化,之后建筑 1 内热烟气层处测点温度开始上升。建筑 4 与建筑 5 由于同时被引燃,因此火焰蔓延至建筑中部的时间也大致相同。矩形防火分区中全部建筑内热烟气层处测点都监测到温度变化,所用时间大约为 1 200 s。各建筑内部热烟气层温度最高值为 1 500 K。

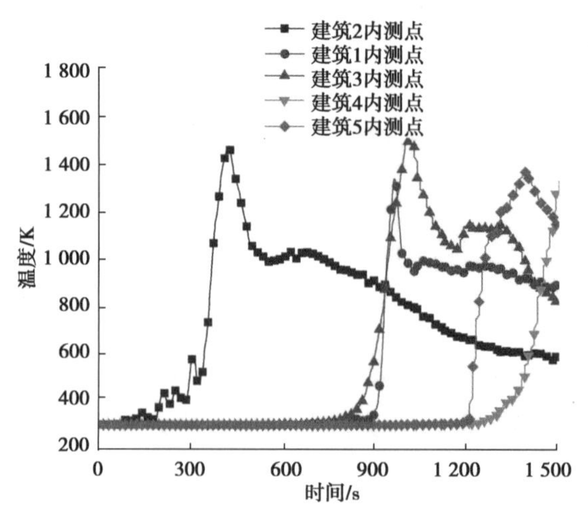

图 5.41　矩形各建筑内温度变化曲线

防火分区形状为梯形时，边角处木结构建筑起火，其编号为 3。取两两建筑间的热烟气层处温度测点绘制出温度变化曲线如图 5.42 所示。建筑 3 开始燃烧，火焰首先蔓延至建筑 2，因此测点 3-2 首先监测到温度变化。建筑 5 位于建筑 3 的左上方（建筑 2 右上方），其第二个被引燃。测点 4-5 受建筑 2 燃烧的影响所监测到温度变化的时间较快。建筑 2 内完全燃烧后火灾向建筑 1 蔓延，测点 2-1 监测到温度变化。最后在测点 1-4 监测到温度变化。建筑间测点全部监测到温度用时约为 997 s。建筑间热烟气层温度最高值为 1 605 K。

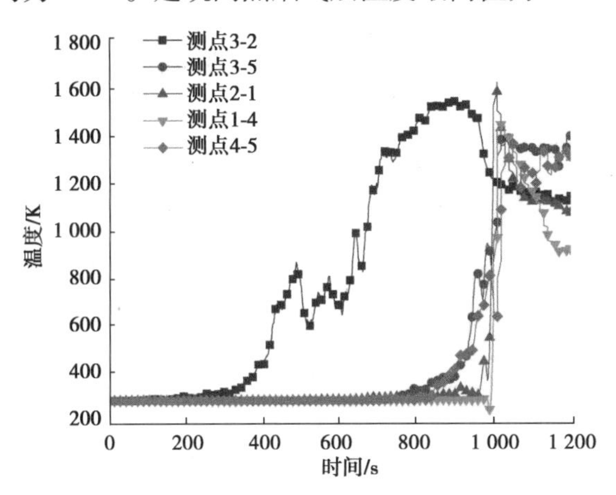

图 5.42　梯形两两建筑间温度变化曲线

根据建筑内部热烟气层处温度测点数据绘制出温度变化曲线如图 5.43 所示。约在 100 s 着火建筑中部监测到温度变化。建筑 5 中火灾蔓延至中部时所用时间较快，因此首先在建筑 5 内热烟气层处测点监测到温度上升。随后在建筑 2 内监测到温度变化，最后建筑 1 及建筑 4 内火焰蔓延至中部，建筑内热烟气层温度开始上升。各建筑内热烟气层处测点均监测到温度变化的时间大约为 1 056 s。各建筑内部热烟气层温度最高值为 1 488 K。

防火分区形状为圆弧形时，边角处木结构建筑起火，根据圆弧形防火分区内的编号原则，其编号为 1。取两两建筑间的热烟气层处温度测点绘制出如图 5.44 所示的温度变化曲线。圆弧形防火分区各建筑间测点处的温度变化较简单，由于边角建筑起火，风向沿 $-x$ 方向，各建筑被引燃顺序为 1—2—3—4—5，因此各建筑间测点监测到温度变化的顺序也是如此。测点 1-2 最先监测到温度变化,测点 4-5 最后监测到温度变化。建筑间测点全部监测到温度用时约 1 273 s。建筑间热烟气层温度最高值为 1 573 K。

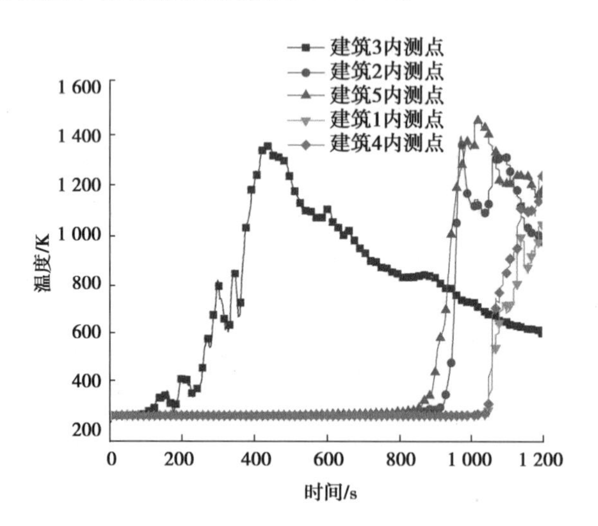

图 5.43　梯形各建筑内温度变化曲线

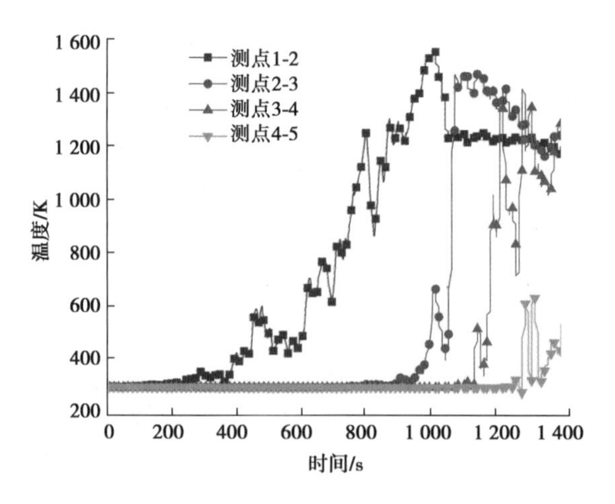

图 5.44　圆弧形两两建筑间温度变化曲线

根据圆弧形防火分区中各木结构建筑内热烟气层处测点数据绘制出如图 5.45 所示温度变化曲线。各木结构建筑内热烟气层温度测点监测到温度变化的顺序同样为 1—2—3—4—5,但建筑 5 只在外墙处被引燃,火焰未蔓延至建筑内部，因此建筑5热烟气层处测点未监测到温度变化。在圆弧形防火分区中除建筑5，其他建筑内热烟气层处测点均监测到温度变化的时间大约为1 056 s。各建筑内部热烟气层温度最高值为1 395 K。

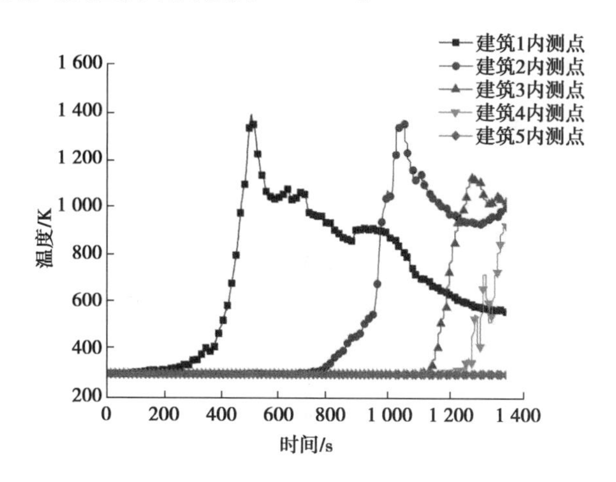

图5.45　圆弧形各建筑内温度变化曲线

通过上述分析可知，建筑间最高温度发生在梯形防火分区，而建筑内最高温度发生在矩形防火分区中，但是在防火分区中建筑间监测到温度变化所用时间及各建筑内部监测到温度变化所用时间均最短。说明在边角吊脚楼起火时梯形防火分区较为危险。而圆弧形防火分区建筑间及建筑内部的最高温度在三种形状的防火分区中都较低，且监测到温度变化所用时间较长，火灾未蔓延至建筑5内部。

5.6.3　CO浓度分析

在矩形防火分区内，根据各建筑间房檐处CO浓度测点数据生成CO浓度变化曲线，如图5.46所示。在此形状的防火分区中CO浓度波动较大，建筑2起火因此测点2-1和测点2-3先后监测到CO浓度变化，之后监测到浓度变化的为测点1-3，最后测点3-4、测点3-5及测点4-5监测到CO浓度波动。建筑间测点均监测到温度变化用时约为1 190 s。两两建筑间热烟气层处CO浓度最高值约为 0.011 7 mol/mol。

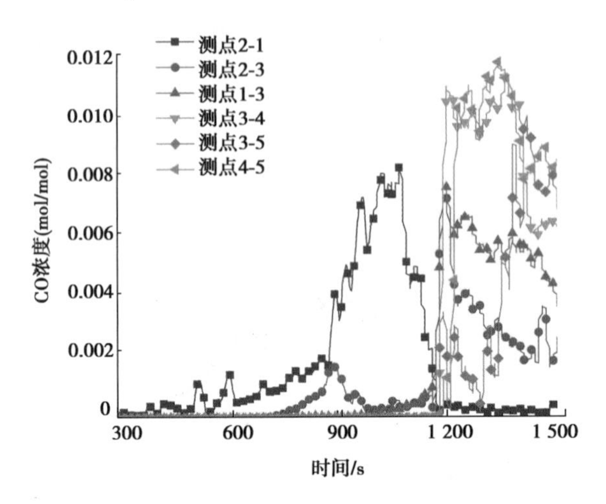

图 5.46　矩形两两建筑间 CO 浓度变化曲线

根据各建筑内部热烟气层处 CO 浓度测点数据绘制出 CO 浓度变化曲线，如图 5.47 所示。CO 在建筑内部的流动顺序大致为 2—3—1—4—5。各建筑内部测点均监测到 CO 浓度变化所用时间为 1 207 s。各建筑内热烟气层处 CO 浓度最高值约为 0.012 2 mol/mol。

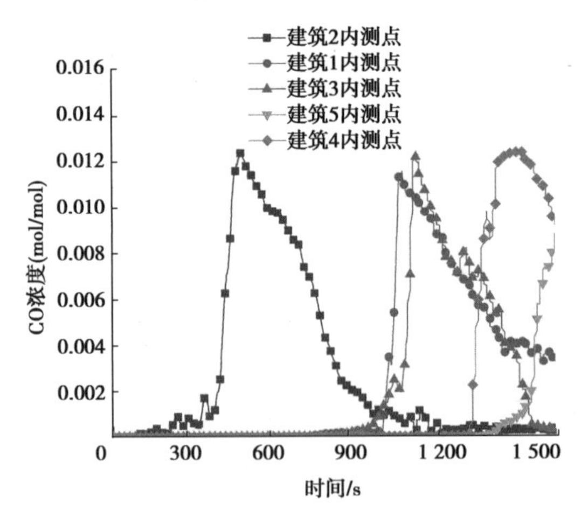

图 5.47　矩形各建筑内 CO 浓度变化曲线

在梯形防火分区内，根据各建筑间房檐处 CO 浓度测点数据生成 CO 浓度变化曲线，如图 5.48 所示。由于木结构建筑的构造及风速影响，测点 3-2 首先监测到 CO 浓度变化,紧接其后监测到 CO 浓度变化的为测点 2-1,随后测点 4-5 处 CO 浓度开始上升,测点 1-4 和测点 3-5 监测到 CO 浓度波动。建筑间测点均监测到 CO 浓度变化用时约为998 s。两两建筑间热烟气层处 CO 浓度最高值约为 0.012 2 mol/mol。

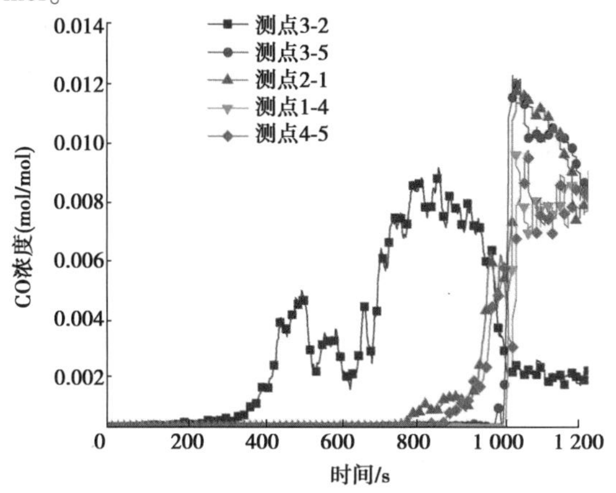

图 5.48　梯形两两建筑间 CO 浓度变化曲线

根据各建筑内部热烟气层处 CO 浓度测点数据绘制出 CO 浓度变化曲线,如图 5.49 所示。CO 在建筑内部的流动顺序大致为 3—5—2—1—4。建筑 1 与建筑 4 内的 CO 流动趋势大致相同。各建筑内部测点均监测到 CO 浓度变化所用时间为 1 066 s,各建筑内热烟气层处 CO 浓度最高值约为 0.012 7 mol/mol。

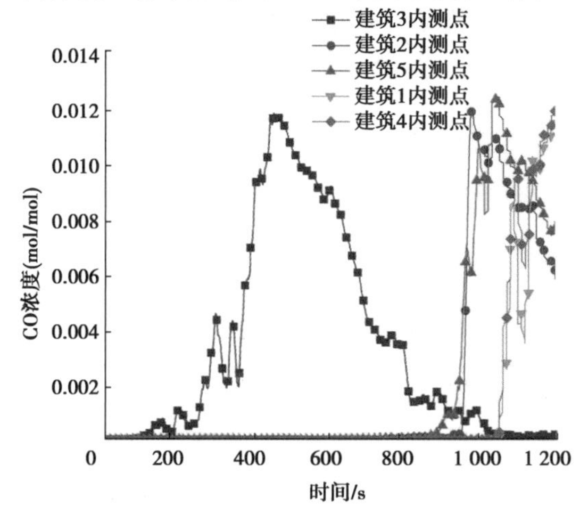

图 5.49　梯形各建筑内 CO 浓度变化曲线

在圆弧形防火分区内,根据各建筑间房檐处 CO 浓度测点数据生成 CO 浓度变化曲线,如图 5.50 所示。首先在测点 1-2 监测到 CO 浓度变化,随后在测点 2-3 监测到温度升高,最后先后在测点 3-4 和测点 4-5 监测到 CO 浓度变化,但这两处测点监测到的 CO 浓度值均较小。建筑间测点均监测到温度变化用时约为 1 290 s。两两建筑间热烟气层处 CO 浓度最高值约为 0.009 3 mol/mol。

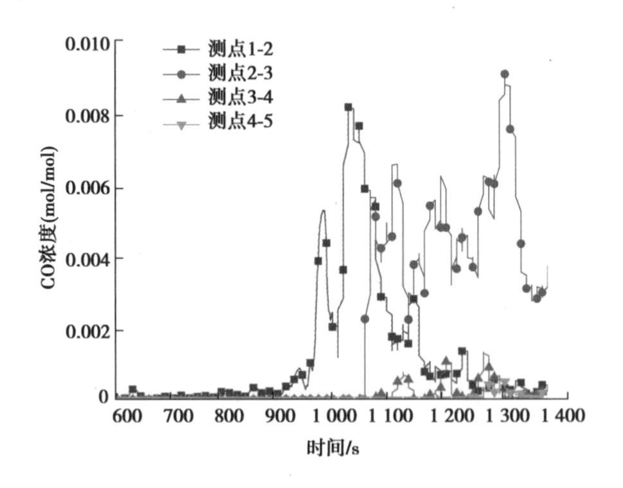

图 5.50　圆弧形两两建筑间 CO 浓度变化曲线

根据各建筑内部热烟气层处 CO 浓度测点数据绘制出 CO 浓度变化曲线,如图 5.51 所示。在圆弧形防火分区内监测到 CO 浓度的先后时间也为 1—2—3—4—5。但由于建筑 5 未被完全引燃,因此建筑 5 内测点未监测到 CO 浓度变化。在该种形状的防火分区中,除建筑 5 外其他建筑内部测点均监测到 CO 浓度变化的时间为 1 253 s。各建筑内热烟气层处 CO 浓度最高值约为 0.011 6 mol/mol。

通过对 CO 浓度变化曲线的分析,可知在建筑间及建筑内部监测到的最高热烟气层浓度的最高值,以及各监测点均监测到 CO 浓度所用时间最少的均为梯形防火分区。而圆弧形防火分区中建筑 5 内热烟气层处测点未监测到 CO 浓度变化。由此可认为圆弧形防火分区在着火点位于中间木结构时的火灾蔓延速度较慢,其防火效果较好。

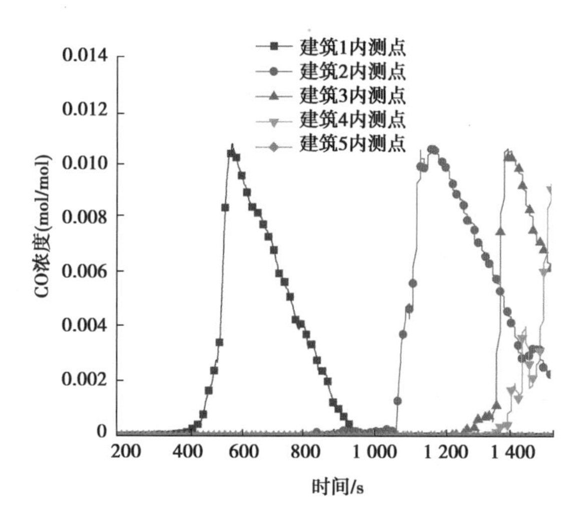

图 5.51　圆弧形各建筑内 CO 浓度变化曲线

5.7　本章小结

本章基于数值模拟的手段，模拟不同风速、建筑间距和坡度下，建筑群火灾蔓延的过程，通过截取不同时间的火灾蔓延情况云图，布置测点研究在不同因素的影响下各个建筑内部温度、CO 浓度及建筑外墙温度变化情况并进行对比分析，还设计了着火点分别位于中间木结构建筑及边角木结构建筑中的火灾模型，从而研究在这两种情况下，防火分区的形状对群火蔓延的影响，得到了如下结论。

①根据各条件下的模拟分析，火灾蔓延分为向下及沿风向向右侧蔓延两部分，除着火建筑内部温度及 CO 浓度持续上升以外，其他建筑温度及 CO 浓度变化都为先上升后下降。

②建筑间距和坡度相同时，模拟不同风速下（2、4、6 m/s）木结构建筑群火灾蔓延情况，得到结论：当风速较大时，火焰沿建筑两侧窗口处蔓延至相邻建筑室内，而风速较小时，火焰首先引燃建筑外墙后再从窗口处蔓延至室内。风速越大各建筑内部峰值温度及 CO 峰值浓度越高。同时研究了风速与建筑内部火

灾纵向下蔓延时间和相邻两栋建筑外墙被引燃时间差的关系式,风速越大,建筑内部火灾纵向下蔓延越慢,相邻建筑火灾横向蔓延越快。

③建筑间的坡度及环境风速相同时,模拟建筑间距为 1 m 和 3 m 并与 5.2 节中建筑间距为 2 m 的木结构建筑群火灾蔓延情况对比分析,得到结论:当建筑间距较大时,火焰沿风向向相邻建筑蔓延,首先点燃全部外墙墙面后沿窗口处蔓延至室内,而间距间距较小时,火焰未点燃全部外墙直接从窗口处窜入室内并在室内进行蔓延。间距越大相邻建筑内部温度及 CO 浓度上升至峰值点的时间越慢。同时研究了建筑间距与相邻两栋建筑外墙被引燃时间差的关系式。建筑间距与该时间成正比,间距越大火焰蔓延速度越慢。

④环境风速及建筑间距相同时,模拟建筑间坡度为 15°和 30°时的火灾蔓延情况,并与 5.2 节中建筑坡度为 0°的情况对比分析,得到结论:当建筑间坡度较小时,对于火灾向相邻建筑蔓延有促进的作用,各建筑内部温度达到峰之点的时间提前,而坡度在较大时,会减缓火焰在相邻建筑间的传递。根据 CO 浓度变化分析可知,建筑间坡度的变化对于烟气的传递影响很小。

⑤当着火点位于中间木结构建筑中时,根据火灾发展过程,矩形防火分区火灾蔓延较快,在这几种形状的防火分区中建筑内部监测到的最高热烟气层温度为 1 510 K、热烟气层最高 CO 浓度为 0.012 8 mol/mol,建筑间监测到的热烟气层最高温度为 1 653 K、最高热烟气层 CO 浓度为 0.011 9 mol/mol。均发生在矩形防火分区中。而圆弧形防火分区中的建筑 1 内既未监测到温度变化,也未监测到 CO 浓度变化,在火灾模型运行过程中建筑 1 未完全燃烧。即可认为着火点设置在中间木结构建筑中时,圆弧形防火分区能够减缓火灾大范围蔓延速度。

⑥当着火点位于边角木结构建筑中时,根据火灾发展过程,梯形防火分区火灾蔓延较快。在梯形防火分区中各测点均监测到温度及 CO 浓度的所用时间均最短,且各个位置监测到的最高 CO 浓度中以梯形防火分区中最高。在圆弧形防火分区内监测到各类数据所需时间最长,且建筑 5 内部未被完全引燃。即

可认为着火点设置在边角木结构建筑中时,圆弧形防火分区能够减缓火灾大范围蔓延速度。

综上所述,环境风速、建筑间距和建筑之间的坡度均会对木结构建筑群火灾蔓延过程造成影响,在不同因素的影响下火灾蔓延速度及温度变化各不相同。根据不同因素导致的不同火灾蔓延速度及温度变化的研究,可以为木结构建筑群火灾防控提供理论帮助。通过⑤⑥的分析发现无论是着火点设置在中间的木结构建筑还是设置在边角的木结构建筑中,将防火分区设置成圆弧形,能够有效遏制火灾蔓延。

第 6 章　木结构建筑群应急疏散模拟研究

当木结构建筑群发生火灾时，由于其建筑群火灾载荷较大，火灾蔓延速度较快，极易造成“火烧连营”的现象，因此本章通过不同方式对木结构建筑群火灾应急疏散进行改进，以求降低火灾时人员疏散的时间，确保人们的生命财产安全。

6.1　疏散标准与模拟软件

6.1.1　疏散标准

当某栋建筑发生火灾并向四周蔓延时，该区域的人员需要一定的时间从着火区域逃离到安全区域，而该区域人员能否在环境中相关因素达到对人体伤害的临界值前逃离该区域，是人员能否逃离该区域的关键。着火区域产生的高温及有毒有害气体因素达到人体忍耐极限的时间为可用安全疏散时间(ASET)。现场人员从火灾蔓延区域疏散至安全出口处的时间为必须安全疏散时间(REST)。火灾发展[48]包括起火阶段、初期的火灾蔓延阶段、中期的火灾发展阶段以及后期的火灾衰弱阶段，待疏散人员需要经历的阶段如图 6.1 所示[95]。

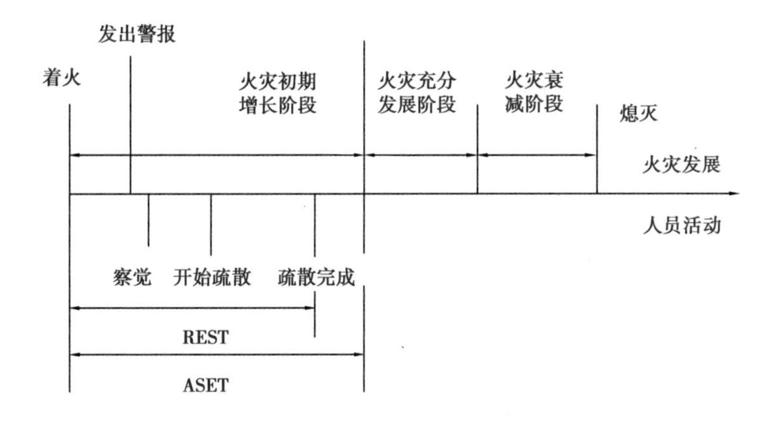

图6.1　火灾发展与疏散时间

6.1.2　模拟软件

Pathfinder是由美国Thunderhead Engineering公司基于Agent智能体研发而成的多功能人员运动仿真软件，该软件有2D视图、3D视图和导航视图。同时在使用过程中，可以根据研究对象设置人员运动速度、肩宽、人员比例等参数，使其具有更大的可操作性。在人员疏散的模拟过程中，该软件支持两种模式分别为SFPE模式和steering模式[96]，其中SFPE模式是描述最基本的行为，该模式以人员流量为基础，忽略了个体人员的独立性，该模式下人员之间不存在相互影响。而steering模式中，存在最优疏散路径规划，保持人与人之间的间距，同时存在个体碰到的机制。考虑木结构建筑群的实际疏散情况，部分游客对于该建筑群内部的疏散设施及报警系统不熟，但现场存在大量的安全管理人员，本文选用steering模式来模拟人员应急疏散，人员分布选择随机分布模式。

6.1.3　安全出口的选择

人员如何选择疏散路线是建立疏散模型的重点，疏散人员的心理和生理因素等都会对其安全出口的选择造成影响，考虑该木结构建筑群存在时间良久，有独立的安全管理部门,因此为了提高可信度,采用 Pathfinder 软件中 steering 模式下的人员路径决策系统建立疏散人员安全出口选择模型,选择最近的安全出口作为逃生出口。

安全出口选择计算过程如下[93]:

①计算当前期望速度 v_d 和加速度 $a_{\max}$:

$$v_d = a_{\max} \times (0.85 \times k_s)/1.19 \tag{6.1}$$

$$a_{\max} = v_{\max}/t_s \tag{6.2}$$

式中,k_s 为疏散速度常数,取值为 1.4;$v_{\max}$ 为人员运动速度,用户本人设定;t_s 为加速时间,用户本人设定。

②计算每个方向的权值 S_c,最小权值方向为运动方向:

$$S_c = \theta_t/2\pi \tag{6.3}$$

式中,θ_t 为各个方向与 seek 曲线在该切线的夹角。

③计算最小权值方向期望速度和加速度的大小:

$$\bar{v} = |\bar{v}|\bar{d}_{\text{des}} \tag{6.4}$$

$$\bar{a} = \frac{\bar{v} - \bar{v}_c}{|\bar{v} - \bar{v}_c|} a_{\max} \tag{6.5}$$

式中,$\bar{v}$ 为取值为 0 或 $v_{\max}$,由软件根据人员当前位置判断;$\bar{d}_{\text{des}}$ 为最小全权值方向向量;$a_{\max}$ 为当前路段上最大加速度;$\bar{v}_c$ 为当前方向的速度大小。

④移动到下一位置:

$$\bar{v}_n = v_c + \bar{a} t_g \tag{6.6}$$

$$\bar{p}_n = p_c + \bar{v}_n t_g \tag{6.7}$$

式中,$\bar{v}_n$ 为下一时刻的速度;$\bar{p}_n$ 为下一时刻的位置;t_g 为更新步长,由用户设定,重复以上步骤,直至人员安全疏散。

6.2 疏散模型及参数设定

通过对木结构建筑群的特点、火灾危险性等进行分析,木结构建筑群内部存在很多安全隐患，同时存在许多不利于人员疏散的因素。由于建筑材料及建筑布局的影响，木结构建筑群一旦发生火灾，火灾会迅速蔓延至周边建筑；并且由于建筑之间的间距较小，建筑自身的屋檐及挡雨棚等设施会导致火灾蔓延速度加快，烟气在建筑周边聚集无法快速扩散至大气中，导致人员疏散困难，因此研究木结构建筑群人员应急疏散具有重要的意义。

在建模前通过实地考察，确定模型中包含的建筑区域及疏散区域，以保证模型能够很大程度上还原现场实际情况。几何模型按照 1∶1 的比例进行建模，模型如图 6.2 所示。图片中用不同颜色的方块表示建筑群及树木，由于该地区建筑大部分为 2 层，且单个建筑面积较小，故不考虑建筑内部的疏散过程。通过现场勘测可知，该区域内部街道宽度最宽处为 6 m，最窄处为 2 m，安全出口分布不均匀且出口宽度较小，其宽度见表 6.1。

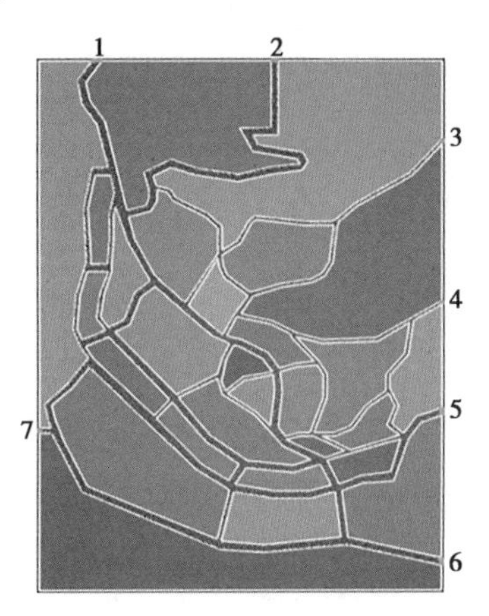

图 6.2　疏散模型图

表 6.1　出口宽度

出口	1	2	3	4	5	6	7
宽度/m	2.2	1.7	1.7	1.8	2.1	1.7	2

通过现场观察确定该木结构建筑群内部的人员比例。该木结构建筑群内主要分为游客和当地居民两个群体，游客中大多为成年人，而当地居民以老人和儿童为主要人员，参考相关资料中人员行进速度[93]及肩宽[97]，同时考虑当地地形坡度较大，因此在实际疏散环境对人员行动速度进行修正，相关参数见表 6.2。由于该木结构建筑群内居民和游客处于清醒状态，现场分布着大量安全管理人员，对该建筑群内部疏散路线比较熟悉，可以进行现场指挥。

表 6.2　成员参数

人员种类	成年男性	成年女性	老人	儿童
人员比例/%	30	40	15	15
肩宽/m	0.41	0.38	0.40	0.35
行动速度/($m \cdot s^{-1}$)	1.2	1	0.8	0.7

6.3　人员疏散仿真

根据现场多次观测，同时对现场售票处进行问询，游客大多会选择在当地进行住宿，上午十点左右会达到第一次高峰点，然后下午三点和晚上八点左右会再次出现峰值，人员数量分别为节假日 14 000 人、周末 10 000 人、工作日 7 500 人。根据表 6.2 设置人员参数，由于街道本身较窄，游客接到疏散的消息也不会太晚，发生火灾时人员选择就近的路口进行疏散。

当人数设置为 7 500 人时，疏散时间进行到 40 s 时安全出口 5 和安全出口 7 处出现拥堵状况；疏散至 70 s 时各个出口都出现了拥堵，人员行动速度逐渐下降，疏散难度不断增大。安全出口 2 处疏散用时最短为 300 s，安全出口 7 处疏散用时最长为 636 s，各个安全出口疏散总用时为 636 s。

当人数设置为 10 000 人时，疏散时间达 30 s 时安全出口 7 处开始出现人群拥堵现象；疏散时间达到 120 s 时，人员都集中在安全出口附近，该区域的中间部分人员较少，同时造成了出口处人员拥堵疏散困难的局面，直到人员全部疏散完毕，拥堵情况才得以缓解。安全出口 2 处疏散用时最短为 389 s，安全出口 7 处疏散用时最长为 780 s，各安全出口疏散总用时 780 s。

当人数设置为 14 000 人时，该区域人员分布非常密集，疏散过程中各街道交叉路口都出现了拥堵现象，且拥堵距离较长，降低了行人疏散速度，延缓了人员疏散时间。同时出口处拥挤的人员数量较为庞大，拥堵时间较长。安全出口

2处疏散用时最短为632 s,安全出口7处疏散用时最长为1 054 s,各安全出口疏散总用时1 054 s。

三种场景下人员疏散情况如图6.3和图6.4所示,疏散时间对比见表6.3。

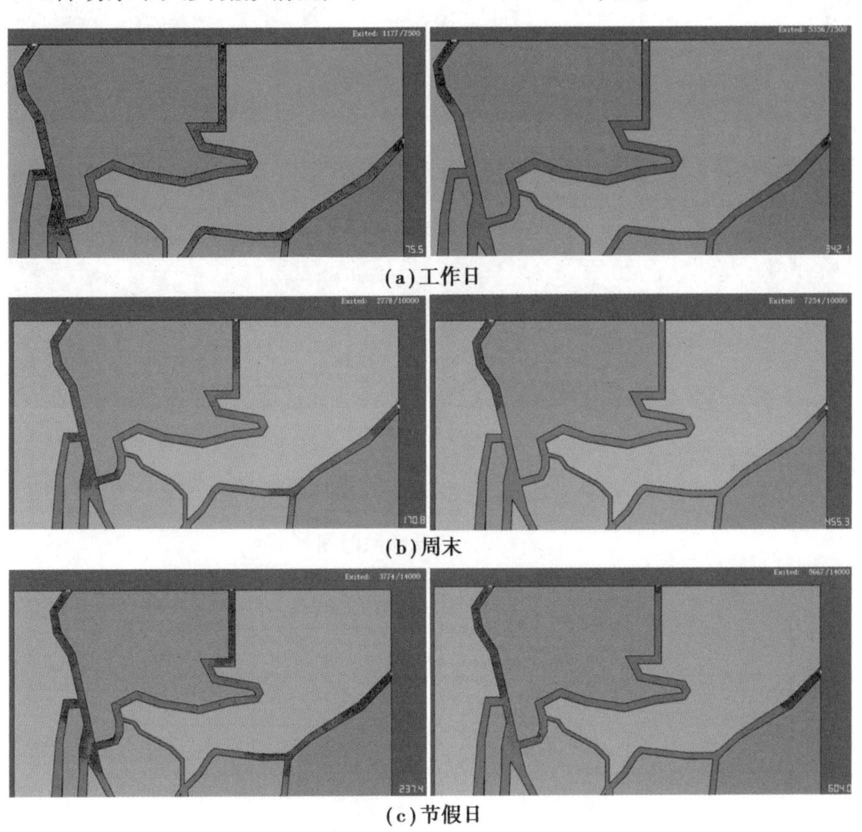

(a)工作日

(b)周末

(c)节假日

图6.3　安全出口1—3模拟截图

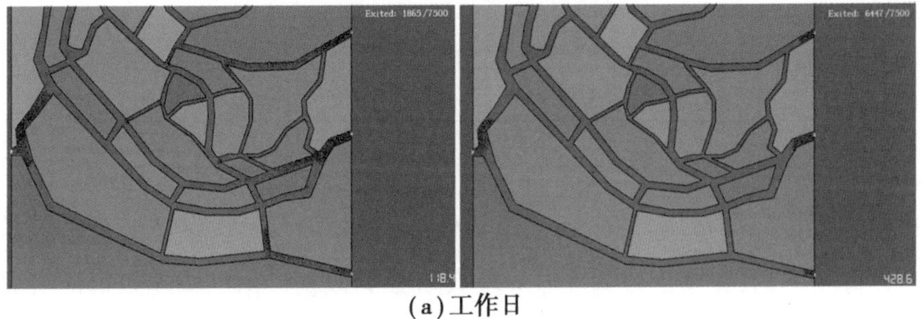

(a)工作日

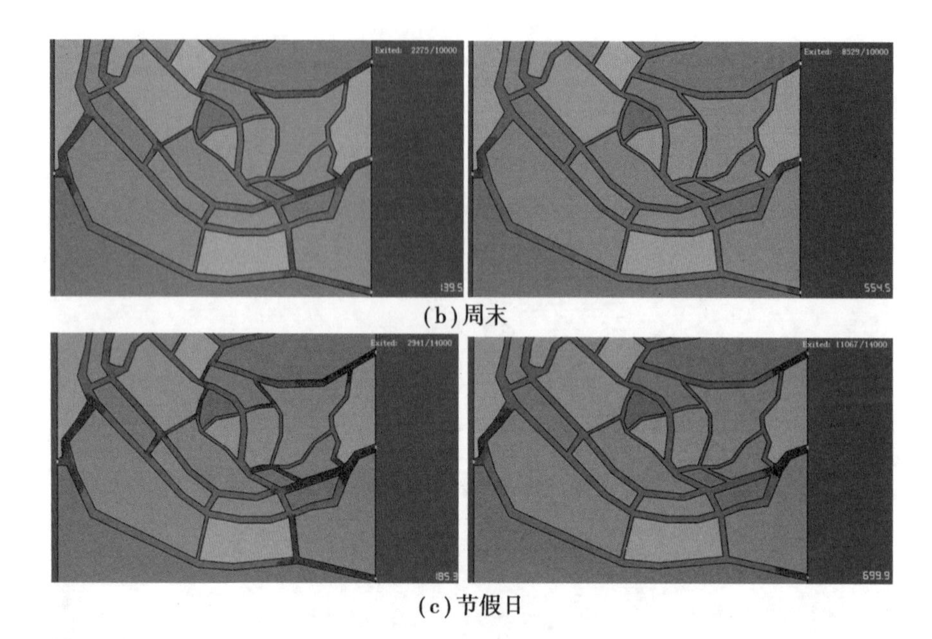

(b)周末

(c)节假日

图 6.4　安全出口 4—7 模拟截图

表 6.3　应急疏散时间

出口	疏散时间/s		
	工作日	周末	节假日
1	480	668	934
2	300	389	632
3	372	504	786
4	484	630	851
5	523	678	940
6	473	610	841
7	636	780	1 054

根据表中数据可知,各个安全出口疏散时间差异较大,这主要是人员及安全出口分布不均,安全出口宽度差异较大所致。根据该木结构建筑群的各安全出口位置可知,安全出口 5 和安全出口 7 处距离人员密集区域最近,导致疏散

时大量人群聚集在两个安全出口处，其中安全出口 7 处疏散人员最多且疏散用时最长。而安全出口 1—3 附近多为树木及少量建筑物，因此疏散用时相对较少。随着疏散人数的增多，安全出口 2 处疏散用时增加比例较小，其他安全出口疏散用时增长比例较大。当疏散人员较多时，各个安全出口处拥堵情况严重，应该注意避免踩踏事故的发生。

6.4　应急改进措施

根据 6.3 节中模拟疏散数据可知，现阶段该木结构建筑群在不同时期接待游客时，突发火灾事故时，疏散人员所用的时间较长，为此提出不同的改善措施，并模拟得出不同措施对疏散时间的影响，以减少必要疏散时间为目的，为木结构建筑群内人员安全考虑，为木结构建筑群安全管理提供参考。

6.4.1　控制人数

根据现场调查可知，可以通过限制旅游人数达到减少人员安全疏散必要时间的目的，因此本次改善模拟 1 将人数设置为 6 000 人，人员比例按照表 6.2 进行设置，根据模拟过程观察人员疏散情况，疏散总用时为 503 s，其中各个出口处疏散时间与工作日人员疏散时间见表 6.4。改善前后对比如图 6.5 所示。

表 6.4　各出口应急疏散时间

出口	疏散时间/s	
	工作日	改善模拟 1
1	480	384
2	300	221
3	372	277
4	484	392
5	523	455

续表

出口	疏散时间/s	
	工作日	改善模拟 1
6	473	350
7	636	503

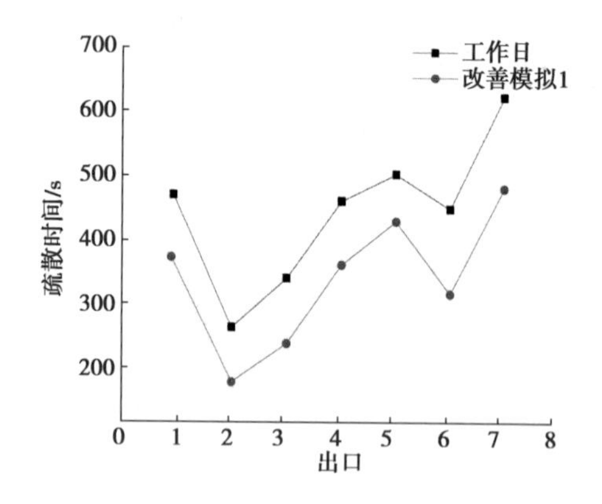

图 6.5　改善模拟 1 的疏散时间对比

根据模拟现象及表 6.3 中所示内容可知，控制该木结构建筑群内人口数量之后，疏散总用时减少了 133 s，各个出口处的疏散时间都有所改善，且出口处人员达到拥堵的时间相对延后，安全出口 5 和安全出口 7 由于处于密集街区附近约在 60 s 时出现大范围拥堵情况，其余各出口处出现大范围拥堵情况的时间均大于 100 s，同时各个街道交叉口在疏散过程中也未出现拥堵的现象，大大提高了火灾发生时的人员疏散效率。

根据图 6.5 可知，控制现场人数能够有效地缩短人员疏散所需要的时间，但安全出口 5 处人数疏散时间缩短较少，安全出口 7 处疏散用时还是较为突出，远大于其他各个出口的疏散所用时间，一旦火灾发生位置位于安全出口 7 附近时，不能满足当地疏散条件。

6.4.2 增加出口宽度

控制人数对于各出口处的安全疏散情况具有一定的改善效果，但安全出口7处相对于其他各出口处的疏散所需时间还是相差较大，因此为了改善该木结构建筑群的疏散情况，采取增加出口宽度的方法，分成两种情况对模拟改进，分别为改善模拟2将各个出口宽度增加0.5 m及改善模拟3将各个出口宽度增加1 m，人员疏散时间总用时分别为488 s及417 s。增加出口宽度后，各出口疏散时间与原模型疏散时间见表6.5。改善前后对比如图6.6所示。

表6.5　各出口应急疏散时间

出口	疏散时间/s		
	工作日	改善模拟2	改善模拟3
1	480	407	375
2	300	232	226
3	372	304	291
4	484	381	342
5	523	454	417
6	473	315	274
7	636	488	414

根据表6.5所示可知，两种改善方式的疏散时间分别减少了148 s和219 s，说明通过增加安全出口宽度的方式能够有效缓解木结构建筑群各处的疏散压力，减少人员安全疏散的必要时间，同时根据模拟现象可知该方法延缓各安全出口处出现拥堵情况的时间，提高了疏散效率。

根据图6.6所示的将各安全出口处宽度分别增加0.5 m和1 m的情况可知，增加出口宽度能够有效缩短各安全出口处人员疏散的时间，同时有效缓解了安全出口7处的疏散压力。同时对比两种改善情况可知：将安全出口处增加

1 m 后的疏散改进效果与将安全出口处宽度增加 0.5 m 的改进效果相差较小，其中安全出口 2 和安全出口 3 处的疏散时间极为接近。同时考虑现场实际情况，可采用将安全出口处扩宽 0.5 m 以达到提高人员应急疏散效率的目的。

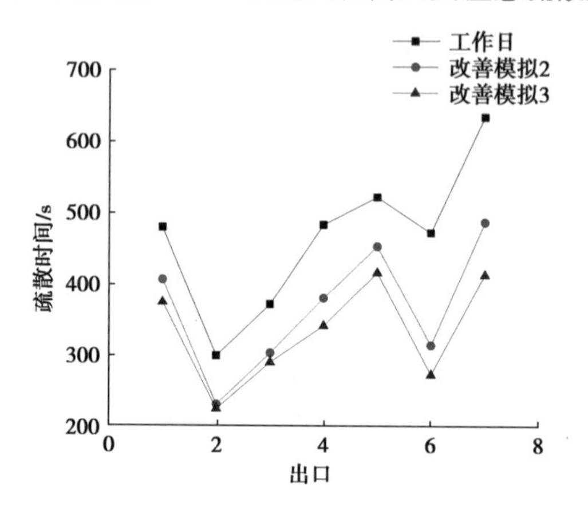

图 6.6　改善模拟 2、3 的疏散时间对比

6.4.3　控制人数同时增加出口宽度

为了更进一步减少火灾时人员应急疏散的用时，将模拟场景设置为人口数量为 6 000 人，并将出口宽度分别增加 0.5 m 及 1 m，模拟两种情况下的人员疏散情况。改善模拟前后各安全出口处疏散时间见表 6.6。两种情况对比如图 6.7 所示。

表 6.6　各出口应急疏散时间

出口	疏散时间/s		
	工作日	改善模拟 4	改善模拟 5
1	480	331	320
2	300	210	205
3	372	240	229
4	484	317	281
5	523	387	357

续表

出口	疏散时间/s		
	工作日	改善模拟 4	改善模拟 5
6	473	260	226
7	636	410	344

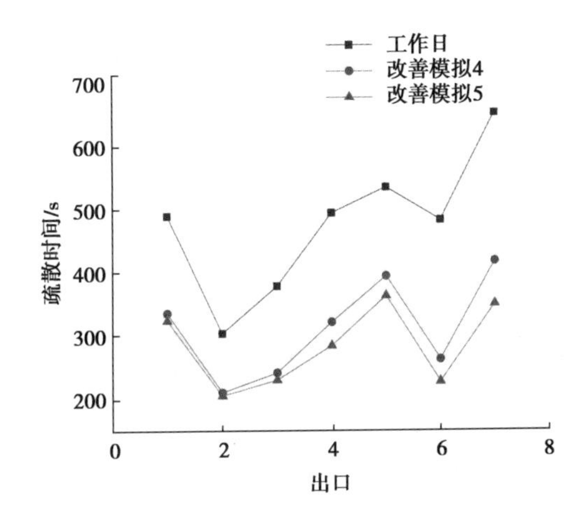

图 6.7　改善模拟 4、5 的疏散时间对比

根据表 6.6 及模拟现象可知：控制当地人数并增加各个疏散出口宽度能够缓解各个安全出口处疏散困难的情况，不但降低了木结构建筑群内部街道交叉口处发生人员拥堵的概率，同时延缓了安全出口处人员疏散时达到拥堵时的时间，大大提高了人员疏散的效率，减少了人员疏散的必要时间。

根据图 6.7 所示内容可知，控制人数后单独增加出口宽度，对于远离人员密集区域安全出口的人员应急疏散影响很小。

6.4.4　数据对比

选取木结构建筑群内人员数量为 7 500 人作为改进模拟的对象，通过应用控制人口数量、增加安全出口处的宽度及两种改进方式结合的方法等三种改进方式，通过模拟软件 Pathfinder 可视化地展现出了各街道安全出口处的模拟过程,将改进疏散前后的时间做对比,分析各种改进方式对该木结构建筑群人员疏散的影响。不同改进方式下各安全出口处疏散时间对比见表6.7。

表6.7　不同改进方式下各安全出口疏散时间

出口	疏散时间/s					
	工作日	改善模拟1	改善模拟2	改善模拟3	改善模拟4	改善模拟5
1	480	384	407	375	331	320
2	300	221	232	226	210	205
3	372	277	304	291	240	229
4	484	392	381	342	317	281
5	523	455	454	417	387	357
6	473	350	315	274	260	226
7	636	503	488	414	410	344

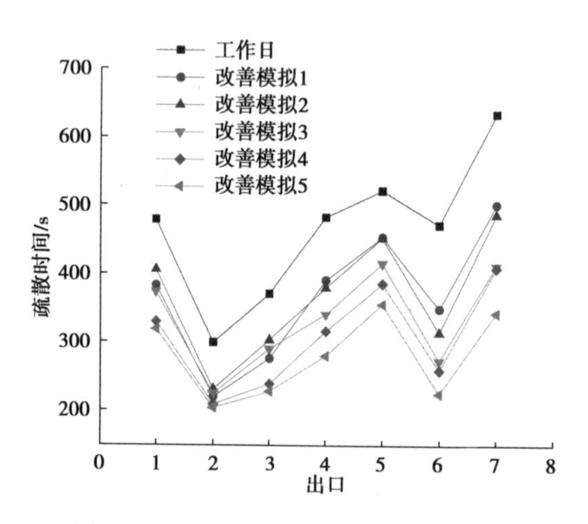

图6.8　不同改进方式下的疏散时间对比

根据表6.7和图6.8所示可知:控制该木结构建筑群内的人口数量与将安全出口宽度增加0.5 m的改进效果相近,将安全出口宽度增加1 m的疏散效果与控制人员数量并将安全出口处宽度增加0.5 m的效果相近。根据改进方式的模拟效果和现场实际情况,采用控制人员数量并将安全出口宽度增加0.5 m

的方式更适用于该木结构建筑群。

6.5 本章小结

本章节对木结构建筑群不同情况进行了安全疏散的模拟仿真分析，计算了不同时期该木结构建筑群所需要的必要安全疏散时间，同时通过软件的动态模拟展现了人员的疏散全过程，最后以仿真计算结果为根据进行数据分析，通过分析表 6.7 及图 6.8 可知，本章中采用的措施对于人员应急疏散有着显著的影响效果，得出结论如下：

①安全出口 5 和安全出口 7 处疏散时间明显过高，在只控制人流量的情况下无法改善该状况，与王江风[48]结论相符。

②对比原模拟及改善模拟 2、3 可知，增加安全出口宽度能够有效缩短安全疏散的时间，但是在安全出口宽度增加 0.5 m 的情况下，再增加 0.5 m 后的改善疏散效果不明显。

③控制人员数量并增加安全出口宽度，能够进一步缩短人员安全疏散的时间。

④安全出口 2 由于位置较偏，远离人员密集区域，不同改进方式对该出口处的人员疏散效果相近。

采用以上改进方法均能够对人员疏散时间产生影响，给该木结构建筑群提供改进人员应急疏散的思路，同时应参考实际情况选择适当的改进措施，缩短人员应急疏散的必要时间。

参考文献

[1] 建筑科学研究院建筑史编委会组织. 中国古代建筑史[M]. 2 版. 北京：中国建筑工业出版社，1984.

[2] 司戈. 古建筑的消防安全[C]//中国消防协会（China Fire Protection Association）. 2003 火灾科学与消防工程国际学术会议论文集. [出版者不详]，2003：4.

[3] 王鹏飞. 砖木结构古建筑（群）火灾模拟与风险预测研究[D]. 西安：长安大学，2018.

[4] 范维澄，王清安，姜冯辉，等. 火灾学简明教程[M]. 合肥：中国科学技术大学出版社，1995.

[5] 郭福良. 木结构吊脚楼建筑群火灾蔓延特性研究[D]. 北京：中国矿业大学（北京），2013.

[6] 刘馨秋，王思明. 中国传统村落保护的困境与出路[J]. 中国农史，2015，34（4）：99-110.

[7] 杨学兵. 中国《木结构设计标准》发展历程及木结构建筑发展趋势[J]. 建筑结构，2018，48（10）：1-6.

[8] 许清风，徐强，李向民. 木结构火灾性能研究进展[J]. 四川建筑科学研究，2011，37（4）：87-92.

[9] 翁文国，范维澄. 中国古建筑防火研究[J]. 消防科学与技术，2001，20（5）：20-22.

[10] 翟滢莹. 广西传统侗族村落形态的性能化防火设计研究：以三江县林略村为例[D]. 南宁：广西大学，2017.

[11] 王俊韶. 黔东南苗族吊脚楼居住适宜性改造策略研究[D]. 贵阳：贵州大

学, 2021.

[12] 高维娜. 从翁丁火灾事故探究传统村落火灾防控对策[J]. 中国消防, 2021(6): 53-56.

[13] 郭福良. 木结构吊脚楼建筑群火灾蔓延特性研究[D]. 北京: 中国矿业大学(北京), 2013.

[14] 张玉玉. 西南地区村镇木结构建筑火灾蔓延研究[D]. 沈阳: 沈阳建筑大学, 2022.

[15] HURLEY M J, GOTTUK D, HALL J R, et al. SFPE handbook of fire protection engineering [M]. New York: Springer, 2016.

[16] 胡松涛, 廉乐明, 李力能. 封闭空腹复合传热过程热力学力和流的研究[J]. 哈尔滨建筑大学学报, 1999, 32(3): 68-71.

[17] 王正昌. 传统木结构典型构件火灾性能试验研究[D]. 南京: 东南大学, 2018.

[18] 沈德魁, 方梦祥, 李社锋, 等. 热辐射下木材热解与着火特性实验[J]. 燃烧科学与技术, 2007, 13(4): 365-369.

[19] LAWSON D I, SIMMS D L. The ignition of wood by radiation[J]. British Journal of Applied Physics, 1952, 3(9): 288-292.

[20] 方桂珍. 20 种树种木材化学组成分析[J]. 中国造纸, 2002, 21(6): 79-80.

[21] 成俊卿. 木材学[M]. 北京: 中国林业出版社, 1985.

[22] 王清文. 木材阻燃工艺学原理[M]. 哈尔滨: 东北林业大学出版社, 2000.

[23] 陈鹏. 典型木材表面火蔓延行为及传热机理研究[D]. 合肥: 中国科学技术大学, 2006.

[24] CETEGEN B M, ZUKOSKI E E, KUBOTA T. Entrainment in the near and far field of fire plumes[J]. Combustion Science and Technology, 1984, 39

(1-6): 305-331.

[25] CETEGEN B M, AHMED T A. Experiments on the periodic instability of buoyant plumes and pool fires[J]. Combustion and Flame, 1993, 93(1-2): 157-184.

[26] CETEGEN B M. A phenomenological model of near-field fire entrainment[J]. Fire Safety Journal, 1998, 31(4): 299-312.

[27] CETEGEN B M. Integral analysis of planar and axisymmetric steady laminar buoyant diffusion flames [J]. Combustion Theory and Modelling, 1999, 3(1): 13-32.

[28] THOMAS P H, WEBSTER C T, RAFTERY M M. Some experiments on buoyant diffusion flames[J]. Combustion and Flame, 1961, 5: 359-367.

[29] 朱强. 古建筑火灾烟气流动模拟与模型实验研究[D]. 重庆: 重庆大学, 2007.

[30] 翁文国, 范维澄. 突变理论应用于腔室火灾中的回燃现象[J]. 数学物理学报, 2002, 22(4): 564-570.

[31] 吴义强. 木材科学与技术研究新进展[J]. 中南林业科技大学学报, 2021, 41(1): 1-28.

[32] 王喜世, 廖光煊, 范维澄. 顺风条件下木材表面火蔓延特性的实验研究[J]. 中国科学技术大学学报, 1999, 29(1): 108-112.

[33] FERNANDEZ-PELLO A C, HIRANO T. Controlling mechanisms of flame spread[J]. Combustion Science and Technology, 1983, 32(1/2/3/4): 1-31.

[34] 陈鹏, 孙金华. 碳化固体可燃物表面火蔓延实验及建模[J]. 中国科学技术大学学报, 2006, 36(1): 56-60.

[35] OHLEMILLER T J, CLEARY T G. Upward flame spread on composite materials[J]. Fire Safety Journal, 1999, 32(2): 159-172.

[36] 韦善阳，石美，孙威，等. 木结构建筑群火灾危险性综合评价[J]. 安全与环境学报，2021，21(4)：1440-1447.

[37] 中华人民共和国公安部. 建筑设计防火规范：GB 50016—2014[S]. 北京：中国计划出版社，2014.

[38] 杨世铭，陶文铨. 传热学[M]. 3 版. 北京：高等教育出版社，1998.

[39] 全国木材标准化技术委员会. 无疵小试样木材物理力学性质试验方法第5部分:密度测定:GB/T 1927.5—2021[S]. 北京：中国标准出版社，2021.

[40] 全国木材标准化技术委员会. 无疵小试样木材物理力学性质试验方法第4部分:含水率测定:GB/T 1927.4—2021[S]. 北京：中国标准出版社，2021.

[41] 季经纬，程远平，杨立中，等. 变热流条件下木材点燃的实验研究[J]. 燃烧科学与技术，2005，11(5)：448-453.

[42] 季经纬. 变热流条件下木材点燃判据及应用研究[D]. 合肥：中国科学技术大学，2003.

[43] Forest Products Laboratory. Wood handbook:Wood as an engineering material [R]. Madison United States Department of Agriculture,2021.

[44] SUSOTT R A, SHAFIZADEH F, AANERUD T W. Quantitative thermal analysis technique for combustible gas detection[J]. The Journal of Fire and Flammability, 1979, 10(1): 94-104

[45] NORTON G A. A review of the derivative thermo-gravimetric technique (burning profile) for combustion studies[J]. Thermochimica Acta, 1993, 214(2): 171-182.

[46] BILBAO R, MASTRAL J F, ALDEA M E, et al. Kinetic study for the thermal decomposition of cellulose and pine sawdust in an air atmosphere[J]. Journal of Analytical and Applied Pyrolysis, 1997, 39(1): 53-64.

[47] ORFÃO J J M, ANTUNES F J A, FIGUEIREDO J L. Pyrolysis kinetics of lignocellulosic materials—three independent reactions model[J]. Fuel, 1999, 78(3): 349-358.

[48] 廖艳芬. 纤维素热裂解机理试验研究[D]. 杭州: 浙江大学, 2003.

[49] 王树荣, 骆仲泱, 谭洪, 等. 生物质热裂解生物油特性的分析研究[J]. 工程热物理学报, 2004, 25(6): 1049-1052.

[50] 廖艳芬, 王树荣, 马晓茜. 纤维素热裂解左旋葡聚糖生成过程模拟研究[J]. 林产化学与工业, 2006, 26(2): 1-6.

[51] EL-SAYED S A, EL-BAZ A A, NOSEIR E H. Sesame and broad bean plant residue: thermogravimetric investigation and devolatilization kinetics analysis during the decomposition in an inert atmosphere[J]. Journal of the Brazilian Society of Mechanical Sciences and Engineering, 2018, 40(9): 439.

[52] 全国消防标准化技术委员会建筑构件耐火性能分析技术委员会. 建筑构件耐火试验方法. 第 1 部分: 通用要求: GB/T 9978. 1—2008[S]. 北京:中国标准出版社,2008.

[53] 刘兴. 砖木结构古建筑火灾模拟分析与轰燃预测[D]. 西安: 长安大学, 2021.

[54] 褚燕燕, 张辉, 刘全义. 建筑火灾多因素伤害风险分析[J]. 清华大学学报(自然科学版), 2011, 51(5): 617-621.

[55] 安茹. 西江千户苗寨民居建筑特色及生态意义研究[D]. 新乡: 河南师范大学, 2014.

[56] 杨祎. 在建高层建筑火灾轰燃与烟囱效应数值模拟研究[D]. 西安: 西安建筑科技大学, 2018.

[57] HAGGLUND B, JANNSON R, ONNERMARK B. Fire development in residential rooms after ignition from nuclear explosions: FOA-C-20016-D6-A3[R]. Stockholm: Forsvarets Forskingsanstalt, 1975: 30.

[58] 张培红，俞艳秋，赵鹏程，等. 柴油在受限空间火灾轰燃实验中的引燃特性[J]. 东北大学学报(自然科学版)，2016，37(1)：114-117.

[59] 李兆男. 木结构古建筑轰燃影响因素的研究[D]. 成都：西华大学，2017.

[60] 陈爱平，乔纳森 · 弗朗西斯. 室内轰燃预测方法研究[J]. 爆炸与冲击，2003，23(4)：368-374.

[61] 谢之康. 火灾现象与非线性(Ⅱ)—突变火灾学[J]. 中国矿业大学学报，2000，29(5)：445-448.

[62] 翁文国，范维澄，陈长坤，等. 建筑火灾中回燃现象的临界条件实验研究[J]. 热科学与技术，2003，2(2)：168-172.

[63] 翁文国，范维澄. 建筑火灾中轰燃现象的突变动力学研究[J]. 自然科学进展，2003，13(7)：725-729.

[64] 楼波，陈昌明，张小英. 突变理论在火灾轰燃的应用分析[J]. 电力科学与技术学报，2007，22(4)：45-49.

[65] 杨祎，赵平. 在建建筑火灾轰燃数值仿真研究[J]. 土木与环境工程学报(中英文)，2019，41(2)：159-166.

[66] 吴松林，杜扬. 基于突变理论的国内外火灾科学研究进展和展望[J]. 火灾科学，2013，22(2)：59-64.

[67] 雷兵，王清远，刘应清. 客运车辆火灾轰燃条件仿真研究[J]. 西南交通大学学报，2008，43(2)：182-186.

[68] 王晶晶，吴国强，廖艳芬，等. 基于突变论的地铁车厢火灾中轰燃条件分析[J]. 燃烧科学与技术，2006，12(3)：269-273.

[69] 杨景标，马晓茜. 基于突变论的林火蔓延分析[J]. 工程热物理学报，2003，24(1)：169-172.

[70] 凌复华. 突变理论及其应用[M]. 上海：上海交通大学出版社，1987：103-105.

[71] 汤静，石必明，陈昆. 典型结构走廊火灾烟气流场的数值模拟研究[J]. 中国安全生产科学技术，2015，11(10)：33-37.

[72] 吕辰，吴宗之，王天瑜，等. 中智地下车库火灾烟气流动规律数值模拟分析[J]. 中国安全生产科学技术，2016，12(1)：107-110.

[73] 潘晓菲，吕品. 凹型建筑外立面火灾烟气蔓延特性研究[J]. 中国安全生产科学技术，2018，14(2)：45-51.

[74] 赵倩琳，关磊，武海丽，等. 棉花仓库火灾早期蔓延扩散研究[J]. 消防科学与技术，2019，38(10)：1397-1401.

[75] 李陈莹，陈杰，李鸿泽，等. 地下综合管廊火灾蔓延及探测实验研究[J]. 消防科学与技术，2019，38(9)：1258-1261.

[76] 杨松，冯佳琳，陈钒，等. 螺旋型隧道火灾蔓延规律及人员安全疏散规划[J]. 科学技术与工程，2019，19(25)：351-357.

[77] 许鹏程，高瑾，邱国志. 深水半潜式支持平台火灾烟气蔓延规律[J]. 上海交通大学学报，2019，53(8)：913-920.

[78] 王爱武，徐志胜，游温娇，等. CRH6 高速列车火灾规模及影响因素研究[J]. 安全与环境学报，2019，19(4)：1259-1265.

[79] 回呈宇，肖泽南. 传统村落民居的火灾蔓延危险性分析[J]. 建筑科学，2016，32(9)：125-130.

[80] 孙贵磊，王璐瑶. 基于 PyroSim 的古建筑火灾蔓延规律分析[J]. 消防科学与技术，2016，35(2)：214-218.

[81] 李贤斌，濮凡，邹丽，等. 古建筑木板壁结构对室内火蔓延过程影响研究[J]. 中国安全科学学报，2019，29(11)：45-50.

[82] 刘芳，怀超平，李竞岌. 木结构古建筑室内火灾发展的数值分析[J]. 科学技术与工程，2019，19(9)：299-304.

[83] 田垚，常可可，李奥. 基于 FDS 的古建筑火灾发展过程研究[J]. 消防科学与技术，2019，38(1)：101-104.

[84] 吴巍. 黔东南苗族传统建筑文化的当代设计表达研究[D]. 广州：华南理工大学，2018.

[85] 陈强，张路平. 轰燃对建筑室内火灾灭火救援的影响[J]. 中国公共安全(学术版)，2012(3)：53-56.

[86] 唐云明，游家祝. 火灾闪燃-现象突变模式之研究[J]. 火灾科学，1998，7(3)：1-17.

[87] 王雁楠，邱洪兴. 基于 FDS 的古建群落火灾蔓延规律数值分析[J]. 中国安全科学学报，2014，24(6)：26-32.

[88] 袁春燕，方敢志，郑高凯，等. 古建筑木结构骨架火灾下的温度场分析[J]. 消防科学与技术，2019，38(3)：345-348.

[89] LIN C S，WANG S C，HUNG C B，et al. Ventilation effect on fire smoke transport in a townhouse building[J]. Heat Transfer—Asian Research，2006，35(6)：387-401.

[90] MCGRATTAN K B，BAUM H R，REHM R G，et al. Fire dynamics simulator--Technical reference guide[M]. Gaithersburg：National Institute of Standards and Technology，Building and Fire Research Laboratory，2000.

[91] JONES W W，PEACOCK R D，FORNEY G P，et al. CFAST：Consolidated model of fire growth and smoke transport（Version 6）[J]. NIST special publication，2005，1026.

[92] 袁春燕，郑高凯，郎雨佳，等. 考虑不同场景的砖木结构古建筑火灾特征研究[J]. 中国安全生产科学技术，2019，15(10)：158-164.

[93] 王江凤. 古镇旅游景区人员应急疏散模拟研究[D]. 重庆：重庆科技学院，2018.

[94] 石磊，韩佳倪，柳思勉，等. 砖木结构古建筑群火灾蔓延及人员疏散模拟研究[J]. 中外建筑，2021(2)：184-189.

[95] 姚斌，刘乃安，李元洲. 论性能化防火分析中的安全疏散时间判据[J].

火灾科学, 2003, 12(2): 79-83.
[96] 杨洲, 邓朗妮, 孔令虎. 基于 BIM 的地铁车站火灾模拟与安全疏散研究[J]. 广西科技大学学报, 2022, 33(4): 23-30.
[97] 陈鹏. 基于行人行为特性的大型铁路客运站应急疏散仿真方法研究[D]. 北京: 北京交通大学, 2018.